高效养牛技术

夏风竹　孙莉　编著

权威专家联合强力推荐　　专业·权威·实用

本书旨在帮助养牛户提高养牛的经济效益，
内容涵盖了牛的适养品种、牛的繁育技术、牛的饲养技术、
牛的疾病防治技术等，是养牛户不可或缺的掌中宝典。

河北科学技术出版社

图书在版编目(CIP)数据

高效养牛技术 / 夏风竹，孙莉编著. -- 石家庄 : 河北科学技术出版社，2013.12（2024.4重印）
ISBN 978-7-5375-6554-7

Ⅰ. ①高… Ⅱ. ①夏… ②孙… Ⅲ. ①养牛学 Ⅳ. ①S823

中国版本图书馆 CIP 数据核字(2013)第 268995 号

高效养牛技术
夏风竹　孙　莉　编著

出版发行　河北科学技术出版社
地　　址　石家庄市友谊北大街 330 号(邮编:050061)
印　　刷　三河市南阳印刷有限公司
开　　本　910×1280　1/32
印　　张　7
字　　数　140 千
版　　次　2014 年 2 月第 1 版
　　　　　2024 年 4 月第 2 次印刷
定　　价　42.80 元

Preface 序

推进社会主义新农村建设，是统筹城乡发展、构建和谐社会的重要部署，是加强农业生产、繁荣农村经济、富裕农民的重大举措。

那么，如何推进社会主义新农村建设？科技兴农是关键。现阶段，随着市场经济的发展和党的各项惠农政策的实施，广大农民的科技意识进一步增强，农民学科技、用科技的积极性空前高涨，科技致富已经成为我国农村发展的一种必然趋势。

当前科技发展日新月异，各项技术发展均取得了一定成绩，但因为技术复杂，又缺少管理人才和资金的投入等因素，致使许多农民朋友未能很好地掌握利用各种资源和技术，针对这种现状，多名专家精心编写了这套系列图书，为农民朋友们提供科学、先进、全面、实用、简易的致富新技术，让他们一看就懂，一学就会。

本系列图书内容丰富、技术先进，着重介绍了种植、养殖、职业技能中的主要管理环节、关键性技术和经验方法。本系列图书贴近农业生产、贴近农村生活、贴近农民需要，全面、系统、分类阐述农业先进实用技术，是广大农民朋友脱贫致富的好帮手！

中国农业大学教授、农业规划科学研究所所长
设施农业研究中心主任 张天柱

2013年11月

Foreword 前言

农业是国民经济的基础，是国家稳定的基石。党中央和国务院一贯重视农业的发展，把农业放在经济工作的首位。而发展农业生产，繁荣农村经济，必须依靠科技进步。为此，我们编写了这套系列图书，帮助农民发家致富，为科技兴农再做贡献。

本系列图书涵盖了种植业、养殖业、加工和服务业，门类齐全，技术方法先进，专业知识权威，既有种植、养殖新技术，又有致富新门路、职业技能训练等方方面面，科学性与实用性相结合，可操作性强，图文并茂，让农民朋友们轻轻松松地奔向致富路；同时培养造就有文化、懂技术、会经营的新型农民，增加农民收入，提升农民综合素质，推进社会主义新农村建设。

本系列图书的出版得到了中国农业产业经济发展协会高级顾问祁荣祥将军，中国农业大学教授、农业规划科学研究所所长、设施农业研究中心主任张天柱，中国农业大学动物科技学院教授、国家资深畜牧专家曹兵海，农业部课题专家组首席专家、内蒙古农业大学科技产业处处长张海明，山东农业大学林学院院长牟志美，中国农业大学副教授、团中央青农部农业专家张浩等有关领导、专家的热忱帮助，在此谨表谢意!

在本系列图书编写过程中，我们参考和引用了一些专家的文献资料，由于种种原因，未能与原作者取得联系，在此谨致深深的歉意。敬请原作者见到本书后及时与我们联系（联系邮箱：tengfeiwenhua@ sina. com），以便我们按国家有关规定支付稿酬并赠送样书。

由于我们水平所限，书中难免有不妥或错误之处，敬请读者朋友们指正!

编　者

CONTENTS
目 录

第一章 养牛业概论

第二章 牛的品种

第三章　牛场卫生管理与建场设计

第四章 牛的饲料与日粮配合

第五章 牛的繁殖技术

第六章 牛的饲养管理技术

第七章 肉牛的防疫与常见病防治

第一章
养牛业概论

第一节 现代肉牛业的发展动态

一、世界良种肉牛的分布

虽然世界上牛群的分布与自然地理环境、农业生产、人的饮食习惯及社会文化等因素有关，但目前肉牛业发达地区多属于经济比较发达的地区。无论是良种肉牛的存栏量、肉牛屠宰率、胴体重、净肉率还是优质牛肉的生产效率，这些地方都是最高的，能较好地满足人们的饮食标准和对牛肉的需求量；而在一些欠发达地区，农业机械化程度普遍偏低，或受自然与地理环境的制约，专用肉牛品种分布较少，而且饲养管理技术落后。

二、肉牛品种的变化

目前，受到普遍关注的肉牛品种有法国的夏洛来牛、利木赞牛，意大利的契安尼娜牛、皮埃蒙特牛，瑞士的西门塔尔牛，比利时的蓝白花牛等。这些品种具有体型大、初生重、增重快、瘦肉率高、肉质好、饲料转化率高等优点。

三、肉牛业的经营规模

肉牛饲养场的经营日益趋向专业化、工厂化，牛群规模不断扩大，机械化、自动化程度不断提高，地域合作逐步加强，对于现代技术的应用更充分，实行集约化管理。开发利用全价配合饲料和饲料添加剂，关注牛肉的卫生并在相关法律和监控措施制约下生产优质卫生的牛肉产品。

四、肉牛的生产模式

目前，国际肉牛业生产广泛采用轮回杂交、“终端”公牛杂交及两种结合应用，充分利用杂种优势，提高肉牛的产肉性能。

由于在对能量和蛋白质的利用率上，奶牛、奶肉兼用牛高于肉牛，而且欧美均具有数量庞大的奶牛群体，奶牛公犊数量多，利用奶牛群发展牛肉生产，效益良好。

日本、美国及欧盟国家生产的牛肉分别有55%、30%、45%来自奶牛公犊。

第二节 我国肉牛业的发展概况

一、养牛业在国民经济中的重要意义

养牛业是一种很好的致富方法，我们知道，牛是具有多种功能的家畜，比如提供优质奶源，提供肥嫩的肉品，在农业发展中也可以用来耕作，牛粪也是农作物很好的肥料。经过宰杀后肉牛的各个部分还具有不同的使用价值，比如牛皮及其他副产品是轻工业的原料。在当今世界上，凡是养牛业发达的国家，都十分重视高效养牛业和生态养牛，高效养牛业在整个畜牧业的发展中占据着很重要的地位。据不完全统计，高效养牛业占畜牧业的60%。

对于养殖户来说，高效养牛业是个很好的致富方式，牛这种动物能充分利用农作物的秸秆作为主要食物。同时，利用各种青粗饲料，过腹还田，经济效益比较高，也是发展循环经济的一条很好的路子。

二、我国肉牛业发展特点

（一）区域发展比较集中

我国养牛的区域特征比较明显，全国比较集中的有四大块：中原肉牛带、西北肉牛带、西南肉牛带和东北肉牛带。

养牛业发展最快的是中原肉牛带主要包括：河南、河北、山东、安徽、山西、陕西、江苏和湖北等，其中山东、河南、安徽、河北为中原肉牛发展的龙头。西北肉牛带因其特殊的自然环境，肉牛发展所需的饲料资源比较丰富，是未来高效养牛的后起之秀。主要包括：陕西、甘肃、宁夏、新疆、青海等省、自治区。西南肉牛带是山地面积比较广阔的地域，在高效养牛方面牛的数量比较多，牛的体型不大，增产方面具有不可低估的发展潜力。主要包括：四川、云南、贵州和广西等省、自治区。东北肉牛带因东北特殊的环境因素，东北肉牛出栏率和平均胴体重比其他区域相对高，高效养牛业发展迅速，主要包括：内蒙古、河北省北部、辽宁、吉林和黑龙江等。

（二）粗放型发展

整体水平不高依然是高效养牛业发展的瓶颈。我国四大牧区基本还是粗放型发展，导致这种现象的原因包括：

1. 不利因素　小规模，大群体，以家庭成员为主。牛的购入、育肥、出售、棚舍建筑、资金筹措等均由养殖户个体承担。养殖户比较分散，自主经营，自负盈亏，抗风险能力弱。没有实现高效节粮和生态化养殖。

2. *有利因素*　我国牧区粗饲料丰富多样，而且农作物秸秆是天然优质粗料，为高效养牛提供了天然有利条件。另外，就牧区的区域特征来看，地域比较广阔，草原和山坡地种植牧草，更适合饲养繁育牛和小架子牛，这就有效解决了异地育肥，配种的困难，解决了牛源的问题。就畜牧交易市场来看，主要以城镇近郊区的畜牧交易市场和屠宰场为商品流的集散地和中心区域，逐渐形成了自身的模式：肉牛繁育—交易—肉牛育肥—交易—屠宰、加工、销售的高效、节粮、产业化区域发展格局。

（三）缺乏带动作用

我国高效养牛业的农业产业化龙头企业带动作用不高，肉牛产业一体化程度不高，一体化不高主要表现在：肉牛养殖方面产业链条不够完整。养殖的产、供、销环节不紧凑；农业产业化生产加工企业同农户的利益结合不紧密，对农户的带动作用不大，利益分配格局不合理；双方没有形成利益共沾，机会共享的发展格局。

对于农业产业化龙头企业来说，高附加值的产品比较罕见，品牌意识不强，品牌产品比较少，一般集中在初期产品的加工生产上，精深加工少。

因此，在一定区域范围内，利用饲料成本低廉的优势，形成高效养牛乡、村、农户多养殖繁育母牛，让繁育母牛多产犊牛，把犊牛饲养成架子牛后，再集中育肥出售，让高效养牛的各个链条纳入到现代企业管理的轨道上来。

（四）牛产品竞争力不强

国际市场出口牛肉缺乏竞争力，这主要是我国牛肉生产水平相对落后，牛肉质量不高，这些因素直接影响的牛肉的市场价格造成了生产效益落后的局面，如何高效养殖成了一个新课题，就我国目前情况来看：牛的成活率40%；用冷冻精液的人工授精率低；存栏牛的每头牛提供的肉量不高为40千克；肉牛的屠宰率40%～50%不及育肥牛的54%。另外，生产方式粗放型发展，星罗棋布的个体养牛户分散经营自负盈亏，规模小，水平低。虽然是船小好调头但是对市场和价格方面的信息反应缓慢。发展中的矛盾比较突出。

（五）高效养牛的资金匮乏，肉牛生产周期长

高效养牛业的资金不足难以形成规模化、产业化的饲养模式。另外，我国牛业发展自身生产周期长，我国目前肉牛从配种到产下犊牛需要九个半月，从犊牛到育肥牛出栏18～20个月，生产一头牛的时间总体上需要28～30个月。在资金方面，对于单个的养殖户来说，20头牛的存栏，固定资产和饲料费用需要10万左右，再加上购置架子牛的7万～8万。因此，投资大，周期长已经让我国的养牛业在高效、节粮方面失去很多比较优势。

（六）精细饲料的总体匮乏，是对我国的高效养牛业的挑战。

高效养殖的饲料主要有粮食、饼粕等精料和以草原、草山、农作物副产品为主的粗料两类，而肉牛的生产更要靠粮食的投入，因为肉类生产是靠饲料通过牲畜的转化而来。要做到高效养牛，尤其

是在精料的配给上更是重要，而我国目前养牛业惯用的是秸秆养牛，秸秆所提供的营养物质仅能达到维持和部分维持营养之需，如果需要增重所需要的营养必须以精料的形式由粮食来补给。在高效养牛中牛的日食摄入的营养除了维持自身生长的营养需求外，增重必须在超过自身需要的剩余才能实现。这部分营养要粮食等精料来提供。

三、促进我国高效养牛产业的发展

21 世纪，面对经济发展和人民生活水平的改善，我国高效养牛业面临新的机遇和挑战。

虽然我国养牛业的整体数量比较多，但是就发展水平来看，生产水平还比较低，从世界角度看，每头牛的胴体重量也低于世界平均水平。另外，我国的良种杂交改良的牛数量比较少，仅占我国牛群的 15% 左右。这种落后状况主要表现为：良种化水平低，养殖方式管理粗放化，高效养殖技术没有得到实际的应用，饲料转化程度不高，肉牛出栏周期长，每头牛的产量少等特点。

面对我国牛业的挑战，为促进我国高效养牛业的区域性产业发展，实现高效养牛业的持续发展。必须转变思路，从源头上做起。做到：从能繁母牛的规范健康饲养开始，实现牛的来源充足，提供的肉品优良，生产加工企业对牛的养殖基地、牛种源、育肥、屠宰、分割等建立健全标准。实施从养殖到牛肉、牛源的可追溯制度，以壮大我国的养牛产业。

第二章

牛的品种

第一节 国内黄牛

一、秦川牛

（一）产地及分布

秦川牛原产于陕西省关中地区，因“八百里秦川”而得名，以渭南、临潼、蒲城、富平、大荔、咸阳、泾阳、三原、高陵、武功、扶风、兴平、乾县、礼泉、岐山等15个县、市为主产区。还分布于渭北高原地区。甘肃省庆阳地区原产早胜牛、秦川牛总头数在70万头以上。是我国著名的地方耕肉兼用品种，也是我国体型高大的黄牛品种之一。

（二）外貌特征

秦川牛体型高大，骨结构粗大，肌肉壮实，体质丰满，体质比较强健，头部方正，肩斜而长，胸部比较宽深，肋部开张而长，背腰宽广，长短均匀，搭配良好，荐骨高耸，后驱发育不健全，四肢比较粗而壮，前肢的间距比较宽阔，会出现外弧的情形，公牛比较高大，脖子短而粗，垂皮发育良好，鬐甲宽大而高耸，母牛长的秀丽，脖子长的比较适中，鬐甲薄而低，牛角不尖锐而且比较短，大多向后稍微弯曲或外下方，牛的体色主要有黄、红、紫红。其中以红色和紫红色为主要品色。

（三）体尺体重

成年公牛平均体高 141.4 厘米，体长 160.4 厘米，胸围 200.5 厘米，管围 22.4 厘米，体重 594.5 千克。成年母牛平均体高 124.5 厘米，体长 140.3 厘米，胸围 170.8 厘米，管围 16.8 厘米，体重 381.3 千克。公犊牛初生重平均 24.4 千克，母犊牛 20.9 千克。

（四）生产性能

秦川牛有良好的肉用性能。该品种肉质细嫩，瘦肉率高，易于育肥。在中等饲养水平下，18 月龄公牛、母牛、阉牛的平均日增重分别为 0.7 千克、0.55 千克和 0.59 千克；宰前活重相应达 436.9 千克、365.6 千克和 409.8 千克。平均屠宰率达 58.3%，净肉率 50.5%，胴体产肉率 86.8%，骨肉比 1∶6.13，眼肌面积 91 平方厘米，胴体中脂肪含量低，为 11.65%。育肥至 22.5 月龄的秦川公牛、母牛、阉牛平均屠宰率分别为 64.8%、60.8% 和 60.5%；平均净肉率分别为 53.1%、51.6% 和 51.9%。经育肥的秦川牛肌间脂肪含量高，有明显的大理石纹，肉质嫩而多汁。

（五）繁殖性能

在中等饲养水平下，初情期一般平均在 9.3 月龄。成年母牛发情平均持续期为 39.4 小时，发情周期 20.9 天，产后第一次发情约 53.1 天。一般公牛精子成熟是在 12 月龄左右，2 岁左右开始配种。

二、南阳牛

（一）产地及分布

南阳牛原产于河南省南阳市白河和唐河流域的平原地区，以南阳、邓县、唐河、新野、镇平、社旗、方城等7个县、市为主产区，许昌、周口、驻马店等地区分布也较多。是中国地方良种黄牛中体型最大的品种。

据1982年统计总头数达80万头以上。而1991年底该品种已发展到145万头，其中适龄母牛56万头，占牛群的38.6%。目前，河南省有南阳黄牛200多万头。

（二）外貌特征

南阳牛体格高大，肌肉发达，结构紧凑，体质结实，属于较大型耕肉兼用品种。鼻镜宽，口大方正。皮薄毛细，行动迅速。一般鬐甲较高，胸骨突出，肋间紧密，肩部宽厚，背腰平直，荐尾略高，四肢端正，蹄质坚实。母牛头部清秀，凸起较多，口大，方正平齐，后躯发育良好；公牛头部雄壮方正，额微凹，脸部细长，颈短厚，稍呈弓形，颈部皱褶多，肩峰隆起，前躯发达。角形以萝卜形为主，公牛角基粗壮，母牛角细。鼻镜多为肉红色，部分有黑点。角为红白、草白和黄色。毛色有黄、红、草白三种，以深浅不等的黄色为最多，面部、腹下和四肢下部毛色浅。

（三）体尺体重

成年公牛平均体高144.9厘米，体长159.8厘米，胸围199.5厘米，管围20.4厘米，体重647.9千克。成年母牛平均体高126.3厘米，体长139.4厘米，胸围169.2厘米，管围16.7厘米，体重411.9千克。公犊牛初生重平均31.2千克，母犊牛28.6千克。

（四）生产性能

南阳牛产肉性能良好，易于育肥。1.5岁公牛体重可达441.7千克，平均日增重0.813千克；阉牛经过强度育肥后，屠宰时的体重可以达到510千克，屠宰率为64.5%，净肉率为56.8%，骨肉比1∶5.1，眼肌面积95.3厘米。肉质细嫩，颜色鲜红，大理石纹明显。

（五）繁殖性能

南阳牛常年发情，性早熟，有的牛不到1岁即能受胎。在中等饲养水平下，8～12个月龄就可以到初情期，一般2岁为初配年龄，发情持续期1～3天，发情周期平均21天，产后初次发情约为77天。

三、晋南牛

（一）产地及分布

晋南牛原产于山西省西南部汾河下游的晋南盆地，是中国四大地方良种之一。主要分布于运城地区、临汾地区部分县市，其中万荣、河津、临猗的数量最多，质量也最好，品种总量约66万头。

（二）外貌特征

晋南牛属大型耕肉兼用品种。骨骼结实，健壮，体格粗大。母牛头部清新，前胸宽大，腹部深厚，牛蹄圆而个大，质地密集，体色主要以红色为主。公牛头适中，额宽，嘴阔，俗称“狮子头”。公牛角圆形，角根粗，母牛角多扁形，向上方弯曲，角色蜡黄，角尖呈枣红色。

（三）体尺体重

成年公牛平均体高138.6厘米，体长157.4厘米，胸围206.3厘米，管围20.2厘米，体重607.4千克。成年母牛平均体高117.4厘米，体长135.2厘米，胸围164.6厘米，管围15.6厘米，体重339.4千克。犊牛初生重为24.1~25.3千克。

（四）生产性能

晋南牛属于晚熟品种，在中、低等水平下育肥日增重为0.455千克。6月龄以内的哺乳犊牛生长发育较快，6月龄至1岁生长发育减慢，日增重明显降低，晋南牛肉用性能良好。18月龄时，中等营养水平的屠宰率为53.9%，净肉率40.3%，经过育肥的成年阉牛屠宰率为62%，净肉率52.96%。眼肌面积为79平方厘米。

（五）繁殖性能

母牛初情期为9~10月龄，产犊间隔14~18个月。

四、鲁西牛

（一）产地及分布

鲁西牛主要产于山东省西部黄河以南、黄河故道以北、运河以西的广大地区，济宁、菏泽两地区为中心产区。其中以鄄城、菏泽、巨野、梁山、嘉祥、金乡、集宁等县市的鲁西牛质量好，数量最多。鲁西牛在河南东部、河北南部、江苏安徽北部也有分布。品种总量达100余万头。

（二）外貌特征

鲁西牛体躯高大而略短，外形细致紧凑，骨骼细，肌肉发达，前躯较宽深，背腰宽平，体呈长方形。前肢呈正肢势，后肢弯曲度小，飞节间距离小，蹄大而圆，蹄叉紧，蹄质致密但硬度较差。尾细而长，尾稍毛常扭成纺锤形。公牛多为平角或龙门角，垂皮发达。头短而宽，鼻骨稍隆起，颈短粗呈弓形，肩峰高而宽厚，后躯发育较差，尻部肌肉欠丰满，使得体躯明显地呈前高后低的前盛体型。母牛以龙门角为主，头稍窄而长，颈细长，垂皮较小，髻甲低平，后躯宽阔，背腰平直，尻部稍倾斜，肌肉发达。毛色从浅黄到棕红色，以红黄、淡黄色较多。公牛毛色较母牛深。一般前躯毛色深于后躯，多数牛的眼圈、口轮、腹下和四肢内侧毛色淡。鼻镜多为淡肉色，少数有大小不一的黑斑。角蜡黄或琥珀色。蹄壳多棕色或白色。

（三）体尺体重

成年公牛平均体高1463厘米，体长160.9厘米，胸围206.4厘米，管围21.0厘米，体重644.4千克。成年母牛平均体高123.6厘米，体长138.3厘米，胸围168.0厘米，管围16.2厘米，体重365.7千克。

（四）生产性能

鲁西牛经3个月育肥，到18个月龄活重达327.8千克，平均日增重达 0.79～0.94 千克，屠宰率达到 57%～58.3%，净肉率 41.8%～49%，骨肉比 1∶4.23，眼肌面积 72～89 平方厘米。成年牛屠宰率平均 58.1%，净肉率 50.7%，眼肌面积 94.2 平方厘米。肉质细嫩良好，产肉率较高，肌纤维细，脂肪在肌纤维间分布均匀，呈明显的大理石花纹。

（五）繁殖性能

母牛性成熟早，初情期 10～12 月龄，发情周期平均为 22 天，范围 16～35 天，发情持续期 2～3 天，产后第一次发情平均 35 天。公牛 1 岁开始性成熟，配种年龄 2～2.5 岁，利用年限 5～7 年。

五、蒙古牛

（一）产地及分布

蒙古牛产于蒙古高地，在中国黄牛分布中，是数量最多，分布最广的一种牛品。在中国主要分布于内蒙古自治区及与此相邻的西北地区的新疆、甘肃和宁夏，华北地区的山西和河北，东北地区的辽宁、吉林和黑龙江等省区。

（二）外貌特征

蒙古牛体格中等大小，体质结实，粗糙。公牛头短宽而粗重，额顶低凹，角长，向前上方弯曲，呈蜡黄或青紫色，两角间距较近。眼大，颈长短适中。垂皮不发达，鬐甲低平。胸窄而深，后肋开张良好。背腰平直，后躯短窄，斜尻，臀较尖。腹大下垂。四肢短而强健，后肢多呈刀状姿势。蹄中等大，蹄质结实。母牛乳房容积不大，结缔组织少，乳头小。皮肤较厚，富有韧性，皮下结缔组织发达，冬季被毛多绒毛。毛色大多为黑色或黄（红）色，次为狸色或烟熏色（晕色），也常见有花毛等各种毛色。角呈蜡黄或青紫色。

（三）体尺体重

草原型的蒙古牛（乌珠穆沁牛）成年公牛平均体高 118.9 厘米，体长 144.7 厘米，胸围 185.3 厘米，管围 18.4 厘米，体重 415.4 千克。成年母牛平均体高 112.8 厘米，体长 135.3 厘米，胸围 171.2 厘米，管围 16.1 厘米，体重 370 千克。半荒漠型蒙古牛（安西牛）成年公牛平均体高 113.5 厘米，体长 134.8 厘米，胸围 155.4 厘米，管围 17.8 厘米，体重 301.6 千克。成年母牛平均体高 112.5 厘米，体长 130.1 厘米，胸围 150.0 厘米，管围 16.3 厘米，体重 272.1 千克。

（四）生产性能

蒙古牛因肌肉发育欠丰满，产肉性能较差。中等营养水平的阉牛平均屠前重 376.9 千克，屠宰率 53%，净肉率 44.6%，骨肉比 1∶5.2，眼肌面积 56 平方厘米。母牛在放牧条件下，年产奶 500～700 千克，乳脂率 5.2%。成年安西牛一般屠宰率为 41.7%，净肉率 35.6%。

（五）繁殖性能

母牛一般初情期 8～12 月龄，2 岁时开始配种，发情周期 19～26 天，产后第一次发情为 65 天以上，母牛发情集中在 4～11 月份。

六、延边牛

（一）产地及分布

延边牛原产于东北三省东部，分布于吉林省延边朝鲜族自治州的延吉、和龙、汪清、珲春及毗邻各县，黑龙江省的宁安、海林、东宁、林口、汤原、桦南、桦川、依兰、勃利、五常、尚志、延寿、通河，辽宁省宽甸县及沿鸭绿江一带。总数近30万头。延边牛是朝鲜牛与本地牛长期杂交，混有蒙古牛的血液，经当地群众长期选育而成。

（二）外貌特征

延边牛属寒温带山区耕肉兼用品种。该牛体质粗壮结实，结构匀称，骨骼坚实，胸部宽深，体躯较长，被毛长而密，皮厚而有弹性。毛色多为黄色，深浅有别。鼻镜呈淡褐色，带有黑点。公牛头大小适中，额宽而平，角粗壮，多向后方伸展，成一字形或倒八字角；颈厚而隆起，肌肉发达。母牛头大小适中，角细而长，多为龙门角，胸深且宽，前胸突出，乳房发育较好。蹄质结实，大小适中，呈淡褐色。

（三）体尺体重

成年公牛平均体高130.6厘米，体长151.8厘米，胸围186.7厘米，管围19.8厘米，体重465.5千克。成年母牛平均体高121.8厘米，体长141.2厘米，胸围171.4厘米，管围16.8厘米，体重365.2千克。公犊牛初生重22.5千克，母犊牛初生重19.6千克。

（四）生产性能

延边牛18月龄育成牛经育肥180天，体重达456千克，日增重0.8013千克，屠宰后胴体重265.8千克，屠宰率57.7%，净肉率47.2%，眼肌面积75.8平方厘米。另外，20月龄的阉牛经短期育肥90天，体重达375千克，日增重为0.98千克。选择体重235.6千克的育成公牛经120天的育肥试验，体重达到372.5千克，日增重为1.2千克。鲜肉中蛋白质含量为17.4%，脂肪含量为24.2%。肉质鲜嫩多汁，肌肉横断面呈大理石花纹状，味道鲜美。

（五）繁殖性能

公牛性成熟期平均为14月龄，母牛初情期为8~9月龄，性成熟期平均为13月龄。母牛发情期平均为20.5天，发情持续期12~36小时，平均为20小时。延边牛常年多周期发情，发情旺期为7~8月份。初配年龄一般为20~24月龄。2岁开始配种，使用年限种公牛为8~10岁，母牛为10~13岁。

第二节 兼用牛品种

一、三河牛

（一）产地及育成历史

三河牛是我国培育的乳肉兼用品种牛，原产于内蒙古自治区的呼伦贝尔草原，因集中分布在额尔古纳旗的三河（根河、德勒布尔河和哈布尔河）地区而得名，其次分布于兴安盟、哲里木盟、锡林郭勒盟。近80年的时间，特别是近30年的选育，逐步形成一个耐寒、耐粗饲、易放牧的新品种。1982年制定了三河牛品种标准，1986年鉴定验收，由内蒙古自治区人民政府批准正式命名。

（二）外貌特征

三河牛体质结实，肌肉发达。头清秀，眼大，角粗细适中，稍向前上方弯曲，胸深，背腰平直，腹圆大，体躯较长，姿势端正，四肢强健，蹄质坚实。乳房大小适中，质地良好，乳静脉弯曲明显，乳头大小适中。毛色以红（黄）白花为主，花片分明，头部全白或额部有白斑，四肢膝关节以下、腹下及尾稍为白色。

（三）体尺体重

成年公牛平均体高156.8厘米，体长205.5厘米，胸围240.1厘米，管围25.7厘米，体重1050千克。成年母牛平均体高131.8厘米，体长167.8厘米，胸围192.5厘米，管围19.4厘米，体重547.9千克。公犊初生重为35.8千克，母犊为31.2千克；6月龄体重相应为178.9千克和169.2千克。

（四）生产性能

三河牛在哺乳期平均日增重，公犊0.795千克、母犊0.776千克。正常条件下，断奶到18月龄日增重可达0.5千克；42月龄放牧育肥的阉牛宰前活重达457.5千克，胴体重为243千克，屠宰率53.11%，净肉率40.2%。产奶量3600千克，在第5、6胎可达最高水平，乳脂率为4.10%~4.47%。

(五) 繁殖性能

母牛一般在20~24月龄初配，情期受胎率为45.7%。

二、新疆褐牛

(一) 产地及育成历史

新疆褐牛主要产于新疆天山北麓的西端，新疆伊犁和塔城地区为主产区。新疆褐牛为瑞士褐牛和含有瑞士褐牛血统的阿拉托乌牛与本地哈萨克牛长期杂交的结果。1977年和1980年又先后从当时的德国、奥地利引入三批瑞士褐牛，这对提高新疆褐牛的质量起到了重要作用。1983年经新疆维吾尔自治区畜牧厅鉴定，批准为一个独立的乳肉兼用牛新品种。该品种牛总数在45万头以上。

(二) 外貌特征

新疆褐牛体质健壮，结构匀称，骨骼结实，肌肉丰满。头部清秀，角中等大小，向侧前上方弯曲，呈半椭圆形。唇嘴方正，颈长短适中，颈肩结合良好。胸部宽深，背腰平直，腰部丰满，尻方正，四肢开张宽踏，蹄质结实，乳房发育良好。毛色以褐色为主，浅褐色或深褐色的较少。多数个体有白色或黄色的口轮和背线。眼睑、鼻镜、尾帚和蹄呈深褐色。

（三）体尺体重

成年公牛平均体高 144.8 厘米，体长 202.3 厘米，胸围 229.5 厘米，管围 24.5 厘米，体重 950.8 千克。成年母牛平均体高 121.8 厘米，体长 150.9 厘米，胸围 176.5 厘米，管围 18.6 厘米，体重 4307 千克。

（四）生产性能

在放牧条件下，中上等膘度的 1.5 岁阉牛，宰前体重 235 千克，胴体重 111.5 千克，屠宰率 47.4%；成年公牛 433 千克时屠宰，胴体重 230 千克，屠宰率 53.1%，眼肌面积可达 76.6 平方厘米。在常年放牧条件下，挤奶期主要在 5～9 月份，在 150 天的时间内，成年母牛产奶 1750 千克。在城市郊区舍饲条件下，以 305 天泌乳期测试，成年母牛产奶量司达 3400 千克，乳脂率为 4% 以上。

（五）繁殖性能

在放牧条件下，母牛 6 月龄开始有发情表现，发情周期为 21.4 天，发情持续期 1.5～2.5 天。母牛一般在 2 岁、体重达 230 千克时配种。公牛在 1.5～2 岁、体重 330 千克开始配种。在自然交配情况下一头公牛配 30～50 头母牛。

三、中国草原红牛

（一）产地及育成历史

中国草原红牛是育成的乳肉兼用牛种之一。主产于吉林省白城地区西部、内蒙古自治区昭乌达盟和锡林郭勒盟南部和河北省张家口地区。该品种牛是以乳肉兼用的短角牛与蒙古牛长期杂交而育成的。1979 年成立了草原红牛育种委员会，于次年开始自繁，1985 年国家验收通过，正式命名为“中国草原红牛”。1987 年总头数曾达 14 万头。

（二）外貌特征

草原红牛的体形中等大小，头清秀，大多数有角，角细短，向前方弯曲，蜡黄色。颈肩结合良好，胸宽深，背腰平直，后躯欠发达。四肢端正，蹄质结实。乳房发育良好。毛色以紫红色为主，红色为次，其余有沙毛，少数个体胸、腹、乳房为白色。犊牛初生重 30 ~ 32 千克。成年公牛体重 700 ~ 800 千克，母牛为 450 ~ 500 千克。

鼻镜、眼圈粉红色，尾帚有白色。

（三）体尺体重

成年公牛平均体高 137.3 厘米，体长 177.5 厘米，胸围 213.3 厘米，体重 760 千克。成年母牛平均体高 124.2 厘米，体长 147.4 厘米，胸围 181 厘米，体重 453 千克。

（四）生产性能

草原红牛 18 月龄阉牛，经放牧育肥，屠宰率为 50.84%，净肉率为 40.95%；短期育肥牛屠宰率为 58.2%，净肉率为 49.5%。在放牧加补饲条件下，平均产奶量为 1800 ~ 2000 千克，第 1 胎乳脂率为 4.03%。

（五）繁殖性能

早春出生的牛发育较好，14～16 月龄即发情，夏季出生的牛要达到 20 月龄才发情，但一般为 18 月龄。发情周期为 20.1～21.2 天。母牛一般于 4 月份开始发情，6～7 月份为旺季。如果在放牧的情况下，繁殖成活率比较高，为 68.5%～84.7%。

四、科尔沁牛

（一）产地及育成历史

科尔沁牛是用中国西门塔尔牛改良蒙古牛，在科尔沁地区形成的草原类型，是从二、三代改良牛中选育而成，有 30 多年的历史，为适应内蒙古自治区哲里木盟自然经济特点的兼用牛品种。1990 年经国内养牛专家鉴定，由内蒙古自治区人民政府正式验收命名为"科尔沁牛"。到 1994 年末统计总数达 8.12 万头，其中良种群达 2.52 万头，登记母牛数 5954 头。

（二）外貌特征

毛色为黄（红）白花，白头，体格粗壮，体质结实，体型近似于西门塔尔牛。

（三）体尺体重

成年公牛平均体高 152.8 厘米，体长 204.9 厘米，胸围 235.5 厘米，管围 25.8 厘米，体重 965 千克。成年母牛平均体高 129.3 厘米，体长 156.7 厘米，胸围 181.5 厘米，管围 19.2 厘米，体重 496 千克。

（四）生产性能

在常年放牧加短期补饲条件下，18 月龄的屠宰率 53.34%，36

月龄时达57.33%；净肉率分别为41.93%和47.57%。经短期强度育肥，屠宰前活重达到576千克时，屠宰率为61.7%，净肉率为51.9%。母牛280天产奶量3200千克，乳脂率4.17%，高产牛产奶量达4643千克，在自然放牧条件下120天产奶1256千克。

（五）繁殖性能

母牛一般7~8月龄性成熟，18~20月龄开始配种，发情周期为18~21天，发情持续期平均为24.1小时，妊娠期283.5天。公牛6~7月龄性成熟，10~12月龄有配种能力。

第三节 国外优良品种

一、夏洛来牛

（一）原产地及分布

夏洛来牛原产于法国中西部到东南部的夏洛来和涅夫勒地区，以体型大、增重快、饲料报酬高，能生产大量含脂肪少的优质肉而著称，并引起世界各国的重视，现分布于世界许多国家。夏洛来牛毛为白色或乳白色，皮肤常有色斑为最显著特点。它是于1985年正式命名为中国草原红牛。山东省畜牧局牛羊养殖基地于1995年引进该牛。

（二）外貌特征

夏洛来牛体躯高大强壮，属大型肉牛品种。额宽脸短，角中等粗细，颈短多肉，公牛角粗而短，向两侧伸展；母牛角细、向前方弯曲。骨骼粗壮，胸深肋圆，背厚腰宽，臀部丰满，肌肉十分发达，使身躯呈圆筒形，后腿部肌肉尤为丰厚，常形成“双肌”特征。四肢粗壮结实。公牛常有双鬐甲或凹背的弱点。蹄和角呈蜡黄色。鼻镜、眼睑为肉色，毛色为白色或乳色。

（三）体尺体重

成年公牛平均体高 142 厘米，体长 180 厘米，胸围 244 厘米，管围 26.5 厘米，体重 1140 千克。成年母牛平均体高 132 厘米，体长 165 厘米，胸围 203 厘米，管围 21 厘米，体重 735 千克。

（四）生产性能

夏洛来牛在良好的饲养管理条件下，6 月龄公犊体重达 234 千克，母犊 210.5 千克，平均日增重公犊 1 ~ 1.2 千克，母犊 1 千克。12 月龄公牛体重达 525 千克，母牛 360 千克。18 月龄分别达到 658 千克和 448 千克。阉牛 14 ~ 15 月龄时体重达 495 ~ 540 千克，最高达 675 千克，在育肥期的日增重为 1.88 千克。屠宰率为 65% ~ 70%，胴体净肉率 80% ~ 85%。母牛泌乳量为 1700 ~ 1800 千克，高者可达 2500 千克，乳脂率为 4% ~ 4.7%。

（五）繁殖性能

母牛出生后396天开始发情，初次配种在17～20月龄。发情周期为21天，发情持续期为36小时，产后约62天第一次发情。该品种牛难产率高达13.7%。

（六）杂交改良我国黄牛效果

利用夏洛来牛改良本地黄牛，夏杂一代牛具有父系的品种特征，被毛多为乳白色或草青色，生长快，体格大，体型改善，发育匀称，日增重高，杂种优势明显。夏杂一代公犊牛初生重达29.7千克，母犊牛达27.5千克；在较好的饲养条件下，24月龄体重可达494.09千克，屠宰率达56.22%，净肉率达45.95%。

二、利木赞牛

（一）原产地及分布

利木赞牛原产于法国中部的利木赞高原，并因此而得名。在法国主要分布在中部和南部的广大地区，数量仅次于夏洛来牛，为法国的第二大品种。目前世界上有54个国家引入利木赞牛。我国于1974年开始引进利木赞牛，分布在东北三省、华北四省、山东、安徽、湖北、四川、陕西、甘肃、宁夏等省、自治区。

（二）外貌特征

利木赞牛的体色为黄色和红色为主，尾帚、四肢内侧、眼、鼻、口周围毛色比较浅，牛蹄子为红褐色，牛角大多为白色。利木赞牛身体修长，头部较小，额宽阔，胸部宽而深，四肢短且粗，后躯肉多而丰满。成年牛体重：母牛600千克；公牛1200千克。如

果在法国得到较好的饲养：母牛达 600 ~ 800 千克；公牛重可达 1200 ~ 1500 千克。

（三）体尺体重

成年母牛平均体高 130 厘米，体重 600 ~ 800 千克；成年公牛平均体高 140 厘米，体重为 950 ~ 1200 千克。

（四）生产性能

利木赞牛早期生长发育快，体早熟，产肉性能好。6 月龄体重可达到 250 ~ 300 千克，平均日增重 1.49 千克以上，8 月龄可生产出大理石纹牛肉。集约饲养条件下，犊牛断奶后生长很快，10 月龄体重即可达 408 千克，周岁时体重可达 480 千克左右，哺乳期平均日增重为 0.86 ~ 1 千克；屠宰率一般63% ~ 70%，瘦肉率 80% ~ 85%。成年母牛平均泌乳量 1200 千克，乳脂率 5%。利木赞牛是欧洲国家生产牛肉的主要品种。

（五）繁殖性能

母牛初情期 1 岁左右，初配年龄 18 ~ 20 月龄，繁殖母牛空怀时间短，两胎间隔平均 375 天。公牛利用年限 5 ~ 7 年，最长达 13 年。

（六）杂交改良我国黄牛效果

利用利木赞牛改良鲁西牛，利鲁杂种一代公牛初生、6 月龄、18 月龄和 24 月龄体重分别为 34 千克、167.1 千克、347.6 千克和 445.9 千克，而同龄鲁西公牛体重分别为 27.7 千克、146.3 千克、286.6 千克和 347.9 千克。13 月龄、15 月龄和 16 月龄的利鲁杂种一代公牛经 90 天育肥期，屠宰率分别为 57.36%、58.83% 和 58.89%。净肉率分别为 47%、49.91% 和 50.27%。

三、海福特牛

（一）原产地及分布

海福特牛世界上最古老的早熟中小型肉牛品种。产于英国英格南的海福特县。该品种牛适应性广泛，能在各种不同气候环境条件下放牧，在世界多数国家均有饲养。尤其在美国、加拿大、墨西哥、前苏联、澳大利亚、新西兰、南美饲养较多。我国于 1964 年以后引进几批，分布在东北、西北近 20 个省、区。

（二）外貌特征

海福特属于中小型早熟肉牛品种。该品种牛分有角和无角两种，角呈蜡黄色或白色，公牛角向两侧伸展，向下方弯曲，母牛角尖向上挑起。头短额宽，颈短厚，垂皮发达。具有典型的肉牛体型，体躯宽深，前躯发达，肋骨开张，背腰宽而平直，中躯发达，臀部丰满、宽平而深，躯干肌肉丰满，呈矩形。四肢粗短，蹄质坚实。毛色为浓淡不同的红色，并具有“六白”特征，即头部、四肢下部、腹下部、颈下、鬐甲和尾帚为白色。

（三）体尺体重

成年公牛平均体高 128 厘米，体长 161.9 厘米，胸围 206.5 厘米，管围 25.3 厘米，体重 908 千克。成年母牛平均体高 117.9 厘米，体长 146.9 厘米，胸围 186.4 厘米，管围 21 厘米，体重 519 千克。

（四）生产性能

海福特牛 7～18 月龄平均日增重为 0.8～1.3 千克。在良好的饲养条件下，7～12 月龄平均日增重可达 1.4 千克以上。18 月龄公牛活重可达 500 千克以上，屠宰率一般为 60%～65%。一般日增重平均为 1.5 千克，400 日龄体重达 500 千克，屠宰率 67%，净肉率 60%，肉嫩多汁，味道鲜美。

（五）繁殖性能

海福特牛 6 月龄开始发情，15～18 月龄可初配，发情周期 21 天，发情持续 12～36 小时。

（六）杂交改良我国黄牛效果

海福特牛与本地黄牛进行杂交，海杂一代牛体型外貌均近似父系，体躯低矮，呈长方形，头短宽，全身发育匀称，肌肉丰满，四肢粗短，毛色为红白花或褐白花，半数一代杂种牛还具有“六白”特征。杂种牛生长发育快，杂交效果明显，一代杂种阉牛平均日增重 0.988 千克，18～19 月龄屠宰率为 56.4%，净肉率为 45.3%。

四、西门塔尔牛

（一）原产地及分布

西门塔尔牛原产于瑞士西部的阿尔卑斯山区，主要产地为西门塔尔平原和萨能平原。在法国、德国、奥地利等国边邻地区也有分布。西门塔尔牛占瑞士全国牛总头数的50%，奥地利占63%，德国占39%。西门塔尔牛现有30多个国家饲养，总头数4000多万，已成为世界上分布最广、数量最多的乳、肉、役兼用品种之一。目前，我国饲养的西门塔尔牛有瑞系、德系、苏系、奥系、加系、法系等，分布在黑龙江、内蒙古、河北等22个省、区。全国共有纯种西门塔尔牛3万余头，各代杂种牛近1000万头。

（二）外貌特征

西门塔尔牛属大型兼用牛品种。西门塔尔成年母牛650～800千克，成年公牛体重平均为800～1200千克。西门塔尔牛身体修长，脖子中等，圆筒状，肉比较厚实丰满；前躯比后躯发育的好，胸深大，尻宽平实，四肢发达而结实，大腿部分肌肉多；牛的乳房发育圆润，牛毛色为黄白花或淡红白花，皮肢为粉红色，头较长，面宽；角较细而向外上方弯曲，尖端稍向上。

（三）体尺体重

成年公牛平均体高148.6厘米，体长184.8厘米，胸围234.6

厘米，管围26.1厘米，体重1155千克。成年母牛平均体高132.2厘米，体长162.4厘米，胸围192.6厘米，管围21.5厘米，体重630.2千克。

（四）生产性能

西门塔尔牛具有很高的产奶量。据奥地利1993年报道，4胎以上母牛平均产奶量5274千克，乳脂率4.12%，乳蛋白率3.28%。瑞士西门塔尔牛平均产奶量为4074千克，乳脂率为3.9%。德国全部有产奶记录和良种登记的母牛平均年产奶量为4099~4376千克，乳脂率为4%~4.06%。犊牛在放牧肥育条件下的平均日增重可达到0.8千克，在舍饲条件下可达1千克。18月龄时公牛体重为440~480千克。公牛育肥后屠宰率达60%~65%，母牛在半育肥的情况下，屠宰率达53%~55%。

（五）繁殖性能

西门塔尔母牛常年发情，发情周期18~22天，发情持续期20~36小时，产后发情平均53天。

（六）杂交改良我国黄牛效果

在较好的饲养条件下，西杂高代牛群平均年产奶量达到3000~4500千克，最高个体达到7000千克以上，乳脂率4.2%。西杂一代牛育肥日增重0.6~0.7千克，强化育肥日增重为0.84千克。西杂二代育肥日增重可达1.1千克以上，屠宰率53%。

五、短角牛

（一）原产地及分布

短角牛原产于英国英格兰东北部的诺森伯兰、达勒姆、约可和林肯郡。因该品种牛是由本地土种长角牛经改良而成，角较短小，故取其相对的名称而称为短角牛。是英国最古老的牛品种之一。短角牛有肉用、乳用和兼用型3个类型，其中肉用型最受欢迎，已分布到世界各地。美国、澳大利亚、新西兰、日本和欧洲各国饲养较多。我国早在1913年开始引入兼用短角牛，之后在1927年、1929年和1947年曾多次引入。近几年又从英国、澳大利亚和加拿大引入一批肉用短角牛。目前，分布在内蒙古、吉林、辽宁、河北、宁夏和云南等省、区。

（二）外貌特征

短角牛分为有角和无角两种，角细，呈蜡黄色，角尖黑。肉用型短角牛体躯呈矩形，深度和宽度发育良好，肌肉丰满，皮下结缔组织发达。头短，面窄，额宽；颈短多肉，鬐甲宽厚；肋骨圆拱，尻部丰满；垂皮发达，四肢短，肢间距离宽；毛色多为深红和酱红，少数为沙毛或白色。

（三）体尺体重

成年公牛平均体高139.1厘米，体长179.6厘米，胸围227.6

厘米，管围23.3厘米，体重847.8千克。成年母牛平均体高129.6厘米，体长171厘米，胸围184.6厘米，管围19.8厘米，体重515.2千克。

（四）生产性能

乳肉兼用型短角牛，产奶量一般为2800～3500千克，乳脂率约在3.5%～4.2%。成年母牛平均产奶量4748千克，乳脂率3.68%。肉用短角牛180日龄体重为220千克，400日龄可达420千克，产后200～400天日增重为1.01千克。育肥牛屠宰率为65%～68%。

（五）繁殖性能

短角牛性成熟早，8月龄即可发情，发情周期平均为21.9天；老龄牛发情持续期为35.6小时，青年牛为26小时；自然双胎率为9.25%。

（六）杂交改良我国黄牛效果

我国利用乳肉兼用型短角牛与蒙古牛杂交，取得了显著成就。现在育成的中国草原红牛，被毛为红色，耐粗饲，适应性强，具有较好的肉用性能。利用短角牛改良秦川牛，短秦一代公、母犊牛的初生重分别比秦川犊牛提高了14.34%和10.57%；12月龄、18月龄和24月龄体重分别比秦川牛提高19.23%、20.73%和9.82%。

六、皮埃蒙特牛

（一）原产地及分布

皮埃蒙特牛原产于意大利北部皮埃蒙特地区，包括都灵、米兰、克里等地。该牛输出到美国、德国、法国等23个国家和地区。目前我国已经有10多个省市在推广应用。

（二）外貌特征

皮埃蒙特牛属中等体型，体躯呈圆筒状，全身肌肉丰满，肌块明显暴露。颈短厚，上部呈弓形，复背复腰，腹部上收，体躯较长，臀部外缘特别丰满，双肌肉型表现明显。皮薄骨细，结构紧凑。被毛为白晕色，公牛在性成熟时颈部、眼圈和四肢下部为黑色。母牛为全白，有的个体眼圈为浅灰色，眼睫毛、耳郭四周为黑色。犊牛出生时为乳黄色，生后4~6月龄胎毛褪去，被毛渐变为白晕色。各年龄和性别的牛在鼻镜部、蹄和尾帚均为黑色。角型为平出微前弯，角尖黑色。

（三）体尺体重

成年公牛平均体高143厘米，体长178厘米，胸围227厘米，管围22厘米，体重1000~1300千克。成年母牛平均体高130厘米，体长159厘米，胸围187厘米，管围18厘米，体重650~800千克。

（四）生产性能

皮埃蒙特牛肉用性能好，早期增重快，0～4 月龄日增重为 1.3～1.5 千克，12 月龄公牛体重为 400～430 千克；15～18 月龄公牛体重在 550～600 千克，为屠宰的适期，屠宰率 67%～68%，最高可达 72%，净肉率为 60%，瘦肉率为 82.4%，骨重占 13.6%，脂肪较少，仅占 1.5%。眼肌面积大，达到 121.8 厘米，用于生产高档牛排的价值很高。泌乳期平均产奶量 3500 千克，乳脂率 4.17%。

（五）杂交改良我国黄牛效果

皮埃蒙特牛与南阳牛杂交，杂种一代公犊牛初生重为 35 千克，母犊牛初生重为 33.3 千克。杂种一代牛经 244 天育肥后体重达到 479 千克，日增重 0.96 千克，屠宰率为 61.4%，净肉率为 53.8%，眼肌面积 114.1 平方厘米。皮埃蒙特牛改良本地黄牛，有利于提高高档肉部位的重量，皮埃蒙特牛与鲁西牛杂交，杂种一代和鲁西牛的屠宰测定结果，眼肌面积分别为 96.08 平方厘米和 78.42 平方厘米，米龙分别为 17.18 千克和 14.4 千克，黄瓜条分别为 16.08 千克和 12.55 千克，外脊分别为 14.2 千克和 10.63 千克，里脊分别为 4.08 千克和 3.25 千克。

第三章

牛场卫生管理与建场设计

第一节 肉牛场的环境要求

一、环境与交通

一般要求牛场距居民区 300 米以上，距公路、铁路 500 米以上，远离化工厂、屠宰厂、制革厂、污水排放口（点）。

牛场的选址注意同周围的环境相互配合，主要是为了妥善处理牛的粪便带来的臭气影响到当地的工厂、居民和城镇的正常生产生活。防止因牛场的建设对当地环境和人的污染。同时也好考虑到牛场的产销、饲料运输，和对外联系方面的便利。还要关注牛的疫病的传播与防治。

二、饲料饲草和水源

建牛场时要充分考虑饲料饲草来源。牛群每天需食入大量的饲料饲草，因此，饲料饲草产地应距牛场较近，种类要丰富，数量要充足，品质要优良，运输要方便。

水源也是必须考虑的因素，拟造的牛场至少要有一个可靠的水源，水量要充足，水质要良好，没有污染源，符合饮用水标准且取用方便。一般情况下，合理的水源有地表水、地下水和自来水3种，地下水与自来水较为安全。

三、环境温度和湿度

牛的生物学特性是相对耐干寒、不耐湿热。由于我国南北方温度和湿度等气候条件差异很大，各地的牛场建设应因地制宜，以适应当地的温度和湿度特点，如南方的牛舍应首先考虑防暑降温，减少湿度；北方的牛舍应防风、防寒和保温，避开西北方向的风口和长形谷地。肉牛的适宜温度和生产环境温度见表3-1，肉牛舍小气候适宜参数见表3-2。

表3-1 肉牛的适宜温度和生产环境温度

牛类别	适宜温度范围（℃）	生产环境温度（℃）	
		低温	高温
犊牛	13～25	5	30～32
育成牛	4～20	-10	32
育肥阉牛	10～20	-10	30

表 3-2　肉牛舍小气候适宜参数

项目	温度（℃）	相对湿度（%）	通风量［米^3/（头·时）］		
			冬季	春、秋季	夏
产房	18	70	90	200	350
犊牛舍	16	75	20	30～40	80～120
肥育牛舍	12	75	60	120	—

在温湿度与肉牛适宜参数差异过大时，应采取措施，缩小差异。

第二节　牛场污染的控制

一、肉牛场污染物的种类与数量

（一）粪便和尿

成年牛每天排粪 30～35 千克，每天排尿 10～18 千克。

（二）污水

主要是由冲洗牛舍、清洗牛槽排放的，平均每头牛每天产污水 30～40千克。

（三）废气

主要是二氧化碳和甲烷，此外还有氮气、氨气、硫化氢等，通过嗳气或由肠道排放。粪尿处理不当时也会产生带异味的废气。

（四）废弃物

除垫草外，还有草料袋、吃剩的草料残渣、体内排泄物、医疗废弃物等。这里需要指出的是，体内排泄物往往不引起人们注意。综上所述，这些废弃物如果控制与处理不当，必然孳生蚊、蝇，散发异味，致使有害病原体扩散，造成环境污染，甚至侵蚀土壤，危及周围居民的健康。

二、肉牛场污染物的处理及利用

根据国家环保总局对 23 个省区调查：我国农村地区面源污染的主要来源是畜禽养殖产生的污染结果显示：全国 60% 的养殖场缺乏必要的污染防治措施，90% 的规模化畜禽养殖场未经过环境评价。肉牛场污染物的处理必须遵守不传播疾病、不污染环境、不污染水源、综合利用、变废为宝的原则。

（一）粪尿的处理

粪尿多为有机物，如蛋白质、纤维素、脂肪类等。它们在环境中易分解、稀释和扩散，可采用生物学方法使之重新形成动、植物的蛋白质、糖类、脂肪类等，回归自然，重新利用。

1. 简易的熟化处理　将粪尿堆积于粪场，呈一定大小的规则体，表面拍平、抹光，放置 15 ~ 30 天，让其自然发酵，杀灭其中的虫卵和有害病原体，有机物也进一步分解成简单化合物。粪尿中的有机物多来源于动植物，含有丰富的氮、磷、钾等，易被植物吸收，同时这些物质还可以改善土壤的通透性，提高肥力。

2. 制造能源　将粪尿及污水集中沼气池进行厌氧发酵处理，

使之产生沼气（甲烷）。沼气的燃烧值比一氧化碳还高，是一种较好的热源，而且沼渣、沼液也可以应用于种植业。

3. 制作培养基　牛粪可用于制作培养单细胞动物、蚯蚓、蝇蛆、小虫等的培养基。在国外，还有精心设计和建造的人工湿地，对牛的粪尿进行综合净化处理。

（二）其他污染物的处理

这些污染物的处理有些要严格按国家法规处理，如污水排放、医疗废弃物的处理等；有些可参照粪尿处理，如垫草、锯木屑等可作为燃料；有些则有待于今后研究，如废气。

第三节 牛场建筑设计

一、肉牛场建筑的设计要求

（一）适宜的环境要求

为牛创造一个适宜的环境，使之生产潜力得到充分发挥，提高饲料利用率。一般情况下，家畜的生产力20%取决于品种，40%～50%取决于饲料，20%～30%取决于环境，例如，不适宜的环境温度可使家畜的生产性能下降10%～20%。因此牛场的建筑设计必须符合肉牛对各种环境因素的要求，其中包括温度、湿度、通风、光照及空气中二氧化碳、氨、硫化氢的含量等。

（二）合理的生产工艺要求

生产工艺包括牛群的组成及其饲养方式、周转方式、草料的运送和贮备、粪的清理、污物的放置、饮水、采精、配种、疾病防治、生产护理、测量、称重等。

（三）严格的卫生防疫要求

流行性疾病是肉牛场最大的威胁，牛场的建筑设计必须符合卫生防疫要求，防止或减少外界疫病的传入及流行性疾病的传播和扩散，便于兽医工作者的操作和防疫制度的执行。

（四）安全要求

牛场建筑要坚固、牢靠，做到防火、防灾、防盗。地面处理要合理，要防滑，不能有锐角突起，以保证牛的安全健康。

二、肉牛场建筑物的种类与内在设施

（一）建筑物的布局

根据管理要求，一般把牛场分为4个区，即居民生活区、管理区、生产区、生产辅助区等。分区规划时应首先考虑地势和主风方向，从人和畜保健的角度出发，合理安排各区位置，使各区间建立最佳生产联系且符合环境卫生、防疫要求。

1. 居民生活区　应在生产场的上风和地势较高的地段，这样的配置使牛场产生的不良气味、噪声、粪尿和污水不致因风向和地面径流而污染居民生活环境，减少了人畜共患病对人的影响。

2. 管理区　即场部机关，为生产资料的供应、产品销售和对外联络的场所，与场内外均有密切联系。

3. 生产区　是肉牛场的核心。对该区的各种牛舍、生产附属用房、生产区的饲料仓库、饲料加工调制用房、饲草的堆放场所、粪场等规划布局应给予全面、细致的考虑，如饲养乳肉兼用牛还应有挤乳和贮乳场所的设计。兼顾由牛舍运入及运出的方便。由于饲草、垫草属易燃物，堆放场所应规划在生产区的下风向，并与其他建筑物保持60米的防火间距，也可设置防火林带或其他防火设施。

生产区规划布局还应注意牛舍及其他建筑物的长轴与等高线。

4. 生产辅助区

（1）运动场、饮水槽和围栏　运动场的地面最好用三合土夯实的地面，要求平坦、干燥，中央隆起，四周稍低，周围设有排水沟。运动场也可用混凝土地面，但因这种地面夏天热辐射大，而冬天冰冷，因此运动场可以建设成一半水泥地面、一半三合土地面，中间隔开，按季节开放。运动场四周围栏可采用钢筋混凝土立柱横架钢管式，立柱高 1.3 ~ 1.4 米，间距 3 米。运动场内应设有饮水槽，按每头牛 10 厘米设置，槽宽 1.5 米、深 0.8 米（两边饮水），水槽以混凝土建造，并要方便刷洗和消毒。

（2）消毒池　一般用混凝土建造，表层必须平整、坚固，能承受通行车辆的重量，还应耐酸碱、不漏水。池的宽度以车轮间距确定，长度以车轮的周长确定，池深 15 厘米左右即可。

（3）消毒间　一般设在生产区进出口处。消毒间内设有消毒池、紫外线灯，供职工上下班时消毒。

（4）青贮窖　位置应选择在生产区与管理区的结合部，地势要高。窖的容积根据牛头数、年饲喂青贮料的天数、日喂量、青贮饲料的单位体积重量来定。

（5）牛场粪便处理设施　主要有粪尿沟、粪尿池和粪场等。粪尿沟设在牛舍内，收集牛排出的粪尿及冲洗牛床的污水，排入牛舍外的粪尿池。

（6）其他辅助设施

①兽医室和人工授精室：兽医室和人工授精室应建在生产区的较中心部位，以便及时了解、发现牛群发病和发情情况。兽医室应设药房、治疗室、值班室，有条件的可增设化验室及手术室和病房。人工授精室内应设置精液稀释和检测精子活力的操作台、显微镜及人工授精保定架等设施。另外，由于药品气味对精子活力不利，因此，兽医室和人工授精室在布局上要留一定距离。

②饲料加工室：加工、配制饲料的场所一般采用高地基平房，即室内地平要高出室外地平，墙面要用水泥粉饰1.5米高，以防饲料受潮而变质。加工室应宽大，以便运输车辆出入，减轻装卸劳动强度。加工室门窗要严密，以防鼠、鸟等。另外，饲料加工室在布局上要兼顾原料仓库及成品库。

（二）牛舍的建造

1. 牛舍建造要求　一般说对牛舍的建筑要求有两个方面：采光、通风要求和饲养要求。由于我国处在北纬20°～50°，太阳高度角冬天小、夏天大，牛舍采取坐北朝南向（即牛舍长轴与纬线平行），且以南偏东15°通风方面，牛舍的窗应方便通风、采光和保暖，一般采光系数为1∶12。另一方面四饲养的要求目前，肉牛的饲养方式有散放饲养、拴系饲养、年龄段分群饲养等。

2. 牛舍建筑式样

(1) 牛舍的式样

①根据牛舍顶盖形式分，常用的有钟楼式、半钟楼式、双坡式3种，此外还有由这三种演绎而成的单坡式、不对称坡式、弧顶式等。

钟楼式：通风良好，但构造复杂，耗料多，造价高。

半钟楼式：通风较好，但夏天北侧牛舍较热。

双坡式：造价较低，可用面积大，易施工，实用性强，只要加大门窗面积，增强通风换气，冬季关闭门窗注意保暖即可。

②根据墙体的封闭程度分封闭式与半封闭式。

封闭式：多在北方建筑，采用拴系式饲养。

半封闭式：半封闭式牛舍三面有墙，向阳一面敞开，有顶棚，在敞开一侧设有围栏。这类牛舍的敞开部分在冬季可以遮拦，形成封闭状态，造价低，节省劳动力。

塑料暖棚牛舍属半封闭牛舍，是近年来北方寒冷地区推出的一种较保温的半封闭式牛舍。冬季将半开放式或开放式肉牛舍的敞开部分用塑料薄膜封闭，利用太阳能和牛体散发的热量升高舍温，同时塑料薄膜又阻止了热量散失。应当注意的是，这类牛舍在冬季使用时要解决好保温和通风的矛盾。

（2）牛舍建筑结构

①地基与墙体：地基深 80～100 厘米，砖墙厚 24 厘米，双坡式脊高 4.0～5.0 米，前后缘高 3.0～3.5 米，牛舍内墙下部设有墙围，防止水汽渗入墙体，提高墙的坚固性、保温性，同时易清洗消毒。在南方可不设墙体、门窗，只有柱体和屋盖，呈开放式或半开放式牛舍。

②门窗：门高 2.1～2.2 米，宽 2.0～2.5 米；窗高、宽各 1.5 米，窗台距地面 1.2 米。门可设为双开门，也可设上卷门。

③屋顶：最为常用的是双坡式。

④舍内设施：包括牛床、尿沟、走道、饲槽、饲槽旁走道、拴系工具等。拴系饲养牛舍一般要求粪尿沟宽，0.3～0.4 米，深 5～10 厘米；走道宽 1.4～1.8 米；饲槽旁走道宽 1.0～1.4 米；饲槽宽 45～61 厘米，槽底为弧形，最好用水磨石建造，表面光滑，经久耐用，易于清洗消毒；饲槽前缘高 60～80 厘米，后缘应视牛个体而设，一般为 20～50 厘米，中央还应有月牙形缺口，利于牛的采食与休息。牛床长、宽视牛群而定，犊牛牛床长、宽分别为 1.2～1.3 米和 0.6～0.8 米；育成牛牛床长、宽分别为 1.3～1.5 米和 0.8～1.0 米；成年牛牛床长、宽分别为 1.4～1.8 米和 1.0～1.4 米。

⑤地面：多为混凝土地面，在牛床和通道上应画线防滑。牛床

地面向粪尿沟作0.55%～1.0%的倾斜。

（3）牛舍内布局

①单列式：只有一排牛床。这类牛舍跨度小，易于建造，通风良好，适宜于建成半开放式或开放式，适用于小型牛场。

②双列式：一般以100头左右建一幢牛舍，沿牛舍纵轴布置两排牛床，横跨度较大，约12米，能满足自然通风的要求。双列式牛床又可分为对尾式与对头式两种。

对尾双列式：即中间为除粪通道，两边各有一条喂料走道。这种形式的牛床排列对挤奶、牛床清扫、查看牛群的发情情况和生殖道疾病很方便，牛头对着窗口，通风良好。

对头双列式：中间为喂料走道，两边为除粪通道，饲喂方便，但清扫、除粪不便。

（4）装配式牛舍　以钢材为原料，工厂制作，现场装备，属开放式牛舍。屋顶为镀锌板或太阳板，屋梁为角铁焊接；“U”字形食槽和水槽为不锈钢制作，可随牛只的体高随意调节；隔栏和围栏为钢管；屋顶部装有可调节风帽。

装配式牛舍室内设置与普通牛舍基本相同，其实用性、科学性主要体现在屋架、屋顶和墙体及可调节饲喂设备上。制作简单，工厂化预制，现场安装，造价低。冬季在墙体上安装活动卷帘，既保温、隔热、通风效果好，又轻便耐用。

第四章
牛的饲料与日粮配合

第一节 肉牛的营养需要

肉牛的营养需要是指肉牛维持生存，满足生长、生殖、生产对能量、蛋白质、矿物质及维生素等营养物质的需要量。肉牛在充分满足肉牛的营养需要的情况下，可以发挥最大的生产潜力。这是因为它在不同的生长速度及不同的环境条件下，和不同的生长发育阶段，营养物质的需求量大不相同。

一、能量需要

目前，世界上多数国家肉牛的饲养标准都采用净能体系，我国采用的是综合净能（NEmf）。综合净能=维持净能+增重净能，用肉牛能量单位（RND）表示。1个肉牛能量单位为1千克中等玉米的综合净能值，即8.08兆焦。这种综合净能值的计算适合我国国情，因为我国许多地方都在用玉米作为主要能量饲料，便于在生产中推广应用。

（一）生长肥育牛的能量需要

1. 维持净能需要　根据1990年我国肉牛饲养标准规定，生长肥育牛在适宜环境温度（15～18℃，舒适）条件下舍饲，轻微活动，无不良应激，维持体温、呼吸、心跳、神经、内分泌功能等基本生命活动的代谢产热所需净能（千焦）为 322$W^{0.75}$ 为代谢体重，即体重的 0.75 次方。体重与代谢体重换算见表 4-1。当环境温度低于 12℃时，每降低 1℃，维持净能增加 1%。

表 4-1　体重与代谢体重换算表（单位：千克）

体重（W）	代谢体重（$W^{0.75}$）	体重（W）	代谢体重（$W^{0.75}$）	体重（W）	代谢体重（$W^{0.75}$）	体重（W）	代谢体重（$W^{0.75}$）	体重（W）	代谢体重（$W^{0.75}$）
20	9.5	78	26.25	128	38.05	290	70.27	540	112.02
25	11.2	80	26.75	130	38.50	300	72.08	550	113.57
30	12.82	82	27.25	132	38.94	310	73.88	560	115.12
32	13.45	84	27.75	134	39.38	320	75.66	570	116.66
36	14.70	86	28.24	136	39.82	330	77.43	580	118.19
38	15.31	88	28.73	138	40.26	340	79.18	590	119.71
40	15.91	90	29.22	140	40.70	350	80.92	600	121.23
42	16.50	92	29.71	142	41.14	360	82.65	610	122.74
44	17.08	94	30.19	144	41.57	370	84.36	620	124.25
46	17.66	96	30.67	146	42.00	380	86.07	630	125.75
48	18.24	98	31.15	148	42.43	390	87.76	640	127.24
50	18.80	100	31.62	150	42.86	400	89.44	650	128.73
52	19.36	102	32.10	160	44.99	410	91.11	660	130.21
54	19.92	104	32.57	170	47.08	420	92.78	670	131.69
56	20.47	106	33.04	180	49.14	430	94.43	680	133.16
58	21.02	108	33.50	190	51.18	440	96.07	690	134.63
60	21.56	110	33.97	200	53.18	450	97.70	700	136.09
62	22.10	112	34.43	210	55.17	460	99.33	710	137.55

续表

体重（W）	代谢体重（$W^{0.75}$）	体重（W）	代谢体重（$W^{0.75}$）	体重（W）	代谢体重（$W^{0.75}$）	体重（W）	代谢体重（$W^{0.75}$）	体重（W）	代谢体重（$W^{0.75}$）
64	22. 63	114	34. 89	220	57. 12	470	100. 94	720	138. 99
66	23. 16	116	35. 35	230	59. 06	480	102. 55		
68	23. 68	118	35. 80	240	60. 98	490	104. 15		
70	24. 20	120	36. 26	250	62. 87	500	105. 74		
72	24. 72	122	36. 71	260	64. 75	510	107. 32		
74	25. 23	124	37. 16	270	66. 61	520	108. 89		
76	25. 74	126	37. 61	280	68. 45	530	110. 46		

2. 增重净能　生长肥育牛的增重净能可用下式计算：

$$增重净能=(2092+25.1W)\times\frac{日增重（千克）}{1-0.3\times日增重（千克）}$$

式中：W——体重。因此，生长肥育牛的综合净能（NEmf）需要为：

$$NEmf（千焦）=322W^{0.75}+(2092+25.1W)\times\frac{日增重（千克）}{1-0.3\times日增重（千克）}$$

（二）生长母牛的综合净能需要

维持净能需要为 $322W^{0.75}$，增重净能需要按生长肥育牛的110%计算。

（三）繁殖母牛的综合净能需要

妊娠后期母牛维持净能需要在 $322W^{0.75}$ 的基础上加上不同妊娠天数中每千克胎儿增重需要的维持净能（$0.19769-11.76122t$，式中 t 为妊娠天数）。

（四）哺乳母牛的能量需要

维持净能需要为 $322W^{0.75}$，泌乳的能量需要为每千克4%乳脂率的标准乳3138千焦，代谢能用于维持与产奶的效率相似，所以哺乳母牛的维持和产奶净能需要都以维持净能表示。

二、蛋白质需要

牛对蛋白质的需要实质是对氨基酸的需要。这些氨基酸称为必需氨基酸，包括蛋氨酸、色氨酸、赖氨酸、精氨酸、胱氨酸、甘氨酸、酪氨酸、亮氨酸、异亮氨酸、缬氨酸、苯丙氨酸、苏氨酸等。动物性蛋白质优于植物性蛋白质，含有更为全面的氨基酸。由于牛的消化生理特点，饲料中非蛋白氮也可作为牛氨基酸的补充，饲料中的非蛋白氮包括尿素及其衍生物、肽类及其衍生物、有机胺及无机铵等，最常用的是尿素。1克尿素相当于2.8克蛋白质或7克豆饼中所含的蛋白质，饲喂尿素对蛋白质饲料缺乏地区是很有益的，尿素的饲喂量一般可占日粮干物质的1%。缺乏蛋白质可造成生长缓慢、体重减少、消化功能减退、生产性能下降、抗病力减弱、繁

殖功能紊乱等；蛋白质过剩时，虽然机体可以调节，将多余的氮排出体外，碳链作能量利用，然而长期、大量的过剩，则会引起代谢紊乱，导致中毒，还会造成环境污染。

美国 NRC（2001）提出日粮蛋白质的 A、B、C 分类法：A 类为完全瘤胃降解蛋白质，B 为瘤胃部分降解蛋白质，C 为瘤胃完全不降解蛋白质。饲料中的小肠可消化蛋白质=（饲料中瘤胃降解蛋白质×降解蛋白质转化为微生物蛋白质的效率×微生物蛋白质在小肠的消化率）+（饲料中瘤胃非降解蛋白质×小肠的消化率）=（饲料中瘤胃降解蛋白质×0.9×0.7）+（饲料中瘤胃非降解蛋白质×0.6）。

（一）蛋白质的维持需要

指维持肉牛正常生命活动所需的蛋白质量，可通过测定在绝食状态下牛体内每日所排出的内源性尿氮（N）量来确定，根据国内的饲养试验和消化代谢试验，维持需要的小肠可消化粗蛋白质量（克）为 $3.0W^{0.75}$，也就是需要粗蛋白质量（克）为 $4.6W^{0.75}$（肉牛对粗蛋白质的消化率为 0.65）。不足 200 千克小牛所需粗蛋白质维持量为 $4.0W^{0.75}$。

（二）增重的蛋白质需要

增重的蛋白质沉积量，以系列氮平衡实验或对比屠宰实验确定。每日增重的蛋白质沉积量（克）$=\Delta W(168.07-0.16869W+0.0001633W^2)\times(1.12-0.1223\Delta W)$。式中：$W$——体重（千克)；$\Delta W$——日增重（千克)。

因此，生长肥育牛的蛋白质需要量（克）= $4.6W^{0.75} + \Delta W (168.07-0.16869W+0.0001633W^2) \times (1.12-0.1223\Delta W)$。

（三）妊娠母牛的蛋白质需要

妊娠母牛的蛋白质需要量在维持量（$4.6W^{0.75}$克）基础上增加相应的子宫内容物蛋白质沉积量，在妊娠最后4个月，子宫内容物每日蛋白质沉积量分别增加77克、145克、255克、403克。

（四）泌乳母牛的蛋白质需要

泌乳母牛的蛋白质需要量在维持量（$4.6W^{0.75}$克）基础上，每生产1千克4%乳脂率的标准乳需要增加85克粗蛋白质。

三、矿物质需要

肉牛体内的矿物质种类很多，虽然总量仅占体重的3%～4%，但它们是构建机体组织的必需物质，存在于肌肉、血液、皮肤、体液、消化液、骨骼等各种组织器官中，参与机体几乎所有的生命活动。根据矿物质在机体内的含量将其分为常量元素和微量元素。常量元素：体内含量在体重的万分之一以上，如钙、磷、钠、氯、钾、硫、镁。微量元素：体内含量在体重的万分之一以下，如铁、铜、钴、碘、锌、硒等。

矿物质急性缺乏或由其引起的急性死亡在生产中很少见，但任何一种矿物质的供应不足，均会导致牛体衰弱、功能紊乱，表现为食欲减退、饲料利用率降低、繁殖功能受损、骨骼病变、生长阻滞等。

（一）钙与磷

钙与磷是构成骨骼、牙齿的主要物质。钙还参与凝血过程、肌肉和神经兴奋性的调节；磷还参与血液、体液、消化液酸碱度的调节、能量和脂肪代谢，且是组成核酸、磷脂的主要成分。钙磷缺乏或钙磷比例不当、饲喂不当，会引起犊牛佝偻病，成牛软骨病、骨质疏松症，缺磷牛出现关节僵硬，生长缓慢和繁殖障碍等。

钙、磷的维持需要量分别为每百千克体重 6 克和 4.5 克，生长牛的需要量应在维持量基础上再增加一定的量。妊娠母牛最后 4 个月可以适当增加钙、磷量，泌乳牛每产 1 千克 4% 乳脂率的标准乳需增加钙 4.5 克、磷 3 克。肉牛对钙、磷的吸收是成比例的，最佳比例应为（1.3～2.1）：1。

（二）钠与氯

钠与氯是食盐的主要成分，能刺激食欲，促进消化，提高饲料利用率。牛对食盐的耐受性很强，特别是有足够饮水时，一般不会造成危害。钠与氯的维持需要量为每百千克体重 5 克，每产 1 千克标准乳需要在维持量基础上增加 1.2 克。

（三）镁

缺镁会出现痉挛症状，如长期喂奶，缺乏干草和精料或早春时大量食用嫩草，会出现缺镁性抽搐。过量的镁会引起腹泻。镁的维持需要量：幼牛为日粮的 0.07%，产乳牛为日粮的 0.2%，产乳早期为日粮的 0.25%。

（四）硫

硫与氮代谢之间存在密切关系，瘤胃微生物可利用无机硫（硫酸钠、硫酸钾、硫酸镁、硫酸铵等）合成含硫氨基酸及维生素 B_1。

硫的维持需要量约占日粮的0.2%，氮、硫比应为12∶1。缺硫会导致消化率降低，增重减慢，过量则会导致物质食入量减少。急性硫中毒表现为抽搐、腹泻、昏迷、呼吸困难直至死亡。

(五) 钾

钾的维持需要量约为日粮干物质的0.8%，在应激特别是热应激存在时，钾的需要量可增至1.2%。牛能迅速从尿中排出多余的钾，钾在牛体内蓄存量很少。缺钾症表现为体重下降，异食癖，被毛粗糙，血浆钾量下降。

(六) 铁

成年牛铁维持需要量为每千克日粮75毫克，犊牛为100毫克。牛对铁具有很强的耐受性，不会导致中毒；缺铁会导致贫血。

(七) 铜

铜为血红蛋白生成的必需物质，也是血浆铜盐蛋白和血细胞铜蛋白等的组成成分，此外，还通过组成酶（细胞色素氧化酶、过氧化物歧化酶、铁氧化酶等）和辅酶参与机体代谢。由于影响牛对日粮中铜吸收的因素很多，铜的维持需要推荐量为每千克日粮干物质6~12毫克。缺铜症表现为腹泻、贫血、生长不良、骨骼异常、神经系统受损、共济失调、生殖紊乱，甚至不育；摄取过量铜会发生铜中毒，表现为溶血、黄疸、高铁血红蛋白血、血红蛋白尿等。

(八) 钴

维生素 B_{12} 的主要成分，也是瘤胃微生物合成维生素 B_{12} 的必需物质。钴还可通过活化磷酸葡萄糖转为酶和精氨酸酶等酶类参与蛋白质和碳水化合物代谢。钴的维持需要量为每千克日粮干物质0.1~0.2毫克。牛缺钴会使瘤胃微生物区系改变，表现维生素 B_{12}

缺乏症的症状，如食欲不佳、贫血、犊牛或育成牛生长停滞等。

(九) 碘

构成甲状腺激素的主要成分。甲状腺激素可调节细胞的氧化速度，参与机体的基础代谢，尤其是能量代谢，对牛的生长、生产、生殖均有重要影响。碘缺乏可使甲状腺肿大，基础代谢率降低，犊牛生长缓慢、骨架小，成年牛性周期紊乱，孕牛流产、死胎、弱犊。长期食用缺碘地区的饲料、降低日粮碘利用率的饲料（如蛋白质饲料、十字花科和豆科牧草等）均会引起缺碘症。碘可以用碘化食盐或碘化钾进行补充。碘的维持需要量为每千克日粮干物质0.8~1.2毫克。

(十) 硒

谷胱甘肽过氧化酶的主要成分，也是细胞色素C等的成分。硒具有增强抗病力、促进机体免疫抗体的产生、维持精子生成的作用，还能降低重金属盐（汞、铅、银、镉等）的毒性。

缺硒会引起犊牛生长受阻，发生心肌和骨骼肌萎缩，肝脏变性、出血、水肿，白肌病，贫血，腹泻，母牛受胎率低、胎儿早期流产、胎衣滞留等。急性中毒表现为感觉迟钝、呼吸困难、昏睡，呼出的气体带有大蒜味，甚至死亡；慢性中毒表现为食欲下降、消瘦、贫血、脱尾毛、蹄壳变形或脱落等。硒的吸收利用与硒存在的形式、动物生理状态及协同或拮抗因子的存在有关。维持需要量推荐为每千克日粮0.1~0.3毫克。

（十一）锌

锌为胰岛素和多种酶的组成成分或激活剂，如碱性磷酸酶、乳酸脱氢酶、胸苷激酶等，在锌的催化下参与碳水化合物的代谢、蛋白质合成、核酸代谢等。锌还可以提高机体免疫力。缺锌症表现为食欲减退、饲料利用率降低、生长受阻、表皮组织受损（如皮炎、伤口愈合难、蹄肿胀等），严重缺锌可导致睾丸发育受阻、精子生成停止等。高钙拮抗锌的吸收，高锌对铁、铜、钙吸收不利。牛对锌的耐受性较大，但高锌会危害瘤胃微生物，造成消化紊乱。锌的维持需要量推荐为每千克日粮干物质30～50毫克。

在一般的饲养条件下，各种矿物质的过量中毒现象很少出现，多表现为缺乏症。

四、维生素需要

肉牛需要的维生素有脂溶性和水溶性两类，前者包括维生素A、维生素D、维生素E、维生素K，后者包括B族维生素和维生素C。牛自身及瘤胃微生物能合成部分维生素如维生素K、维生素D和部分B族维生素，维生素的长期或过量使用会造成中毒症，尤其是脂溶性维生素，很容易发生蓄积中毒。

（一）维生素A

对维持牛正常的视觉和骨骼生长、维持皮肤、黏膜和生殖上皮等上皮组织的完整性具有十分重要的作用。维生素A缺乏时会出现眼干燥症、夜盲症，皮肤粗糙，生殖紊乱，皮肤、黏膜、腺体和气管上皮受损，抵抗力下降，易患感冒、肺炎、腹泻等。维生素A仅存于动物性饲料中，植物性饲料中的胡萝卜素在小肠壁、肝等器官内胡萝卜素酶的作用下可转变为活性维生素 A。除动物性饲料外，只要每日供给足够的青绿饲料及其他富含胡萝卜素的饲料（如胡萝卜、黄心甘薯、南瓜、黄玉米等），均能满足牛对维生素 A 的需要。泌乳期及妊娠后期母牛维生素 A 的需要量为每日 75000 ~ 100000 国际单位。

（二）维生素 D

牛的皮下维生素 D 原（麦角甾醇和 F 脱氢胆甾醇）经阳光照射可转化为维生素 D。维生素 D 具有促进钙磷吸收、调节体液与骨骼钙磷平衡的作用。维生素 D 缺乏时犊牛表现佝偻病，成年牛表现软骨病。只要有充足的日光浴或摄食足量的晒制干草，牛无需再补充维生素 D。泌乳期及妊娠后期母牛维生素 D 的需要量为每日 21000 ~ 25000 国际单位。

（三）维生素 E

也称生育酚。有抗老化、抗氧化、维护红细胞及外周血管系统、骨髓、肌肉正常功能的作用；促进激素（性激素、甲状腺激素、促肾上腺皮质激素）分泌，提高抗病力，与硒具有协同作用；可改善生殖功能。维生素 E 缺乏症与缺硒症相似。成年牛不易出现维生素 E 缺乏症，妊娠牛和泌乳牛维生素 E 使用量推荐为每日 500 ~ 1000 国际单位。

（四）叶酸

参与多种氨基酸、嘌呤等的合成、转化，与维生素 B_{12} 和维生素 C 一起参与红细胞、血红蛋白、免疫球蛋白的生成，对造血组织、消化道黏膜及胎儿十分重要。叶酸缺乏时，细胞的分裂和成熟不完全，易患巨幼细胞性贫血、腹泻、生长发育受阻、肝功能不全等疾病。

五、饲料纤维需要

饲料纤维对食草家畜维持其正常的消化功能必不可少，同时其消化代谢的产物对维持瘤胃内环境和肉牛营养物质的均衡，也是必不可少的。生产中植物纤维占日粮的比例不应低于35%。饲料纤维不足会造成消化不良、瘤胃 pH 下降、瘤胃中乙酸与丙酸比例下降，易发生酸中毒，继而会诱发蹄叶炎、皱胃移位等。饲料纤维过量（如只喂谷物秸秆等）则会降低日粮中的能量浓度和干物质摄入量，影响肉牛的正常生长。

第二节 饲料的来源与营养

肉牛摄取的食物种类繁多，形态各异，且数量庞大，有些饲料易贮存，有些则易腐败变质，在饲喂的过程中，各种饲料还要根据其所具有的营养价值相互搭配，因此在生产中要常年备有各种饲料。

一、饲料的来源及特性

（一）粗饲料

凡干物质中纤维素含量在18%以上的饲料，均属粗饲料。这类饲料水分含量高，体积大，可消化养分较低。

1. 青绿饲料　植物新鲜茎叶在自然状态下水分含量高（70%～95%），富含叶绿素。青绿饲料包括：草地青草、田间杂草、栽培牧草、嫩枝树叶、菜叶类、藤蔓，以及非淀粉质的块根、块茎类及瓜果类（如萝卜、胡萝卜、西葫芦等）。

（1）青绿饲料的营养特点　青绿饲料含有丰富的粗蛋白质，且蛋白质生物学价值较高，尤其含有对泌乳家畜特别有利的叶蛋白；含各种维生素，胡萝卜素尤为丰富，在青饲季节，牛体内贮存大量胡萝卜素及维生素A，供枯草期消耗；含丰富的钙、钾等元素，尤其是豆科牧草中，钙的含量更丰富，且钙、磷比例适宜，所以以青绿饲料作为主要饲料的牛不会出现缺钙现象；粗纤维含量低，木质素少，无氮浸出物较高；青绿饲料幼嫩多汁，适口性好，具有刺激消化腺分泌的作用，消化率高，并可提高日粮的利用率。但青绿饲料水分含量高，能量相对较低。

（2）几类青绿饲料的特性及其利用

①天然牧草：主要指草地牧草及田间杂草，一般认为田间杂草

质量较佳，塘边、河滩的青草质量次之，旱荒地的青草品质最差。

野草、野菜在农区也是重要的饲料资源，是肉牛的蛋白质、维生素和钙的重要来源。

利用天然牧草应注意以下问题：天然牧草木质化快，因此，无论放牧或青刈利用均需及时，在抽穗、开花前后利用较为适宜，结籽后的野草，粗纤维含量增高，适口性差，营养价值大减；要注重均衡供应，延长青饲时间，放牧时最好实行分区轮牧；使用田间杂草，必须注意是否在近期内使用过农药，以免误食而导致中毒；在春季刚开始利用（放牧）青草时，青草数量少，应优先给怀孕母牛和幼牛，饲喂时要逐渐增加。

②栽培牧草：通常栽培的有紫花苜蓿、紫云英、草木樨、沙打旺、黑麦草、高羊茅、墨西哥玉米、苏丹草等。

③青刈饲料作物：播种大田作物用来青饲，在肉牛业中已被普遍采用。这类饲料产量较高，适用于各种家畜。目前广泛使用的有青刈玉米、甘薯蔓等。

④其他：叶菜类饲料，如萝卜叶、胡萝卜叶、甘蓝老叶、甜菜叶等；枝叶饲料，如榆、杨、柳、桑、槐等的枝叶；水生饲料，如水浮莲、水葫芦、水花生、浮萍等。

青绿饲料因水分含量大，能量较低，易吃个“水饱”；青绿饲料含较多草酸，具有轻泻作用，易引起拉稀，影响钙的吸收；叶菜类含较多的硝酸盐，贮存不当时易变成亚硝酸盐，饲喂过量会引起亚硝酸盐中毒。因此在饲喂此类青绿饲料时要注意饲喂方法和饲料配合。

2. 青贮饲料　是将新鲜的青刈饲料作物、牧草、野草及收获籽实后的玉米秸和各种藤蔓等，切碎后装入青贮窖或塔内，隔绝空气，经过微生物的发酵作用，制成一种具有特殊气味、适口性好、营养丰富的饲料，它基本上保持了青绿饲料原有的一些特点。

3. 青干草　细茎的牧草、野草或其他植物，在结籽前收割其全部茎叶，经自然（日晒）或人工（烘烤）蒸发其大部分的水分，干燥到能长期贮存的程度，即成为青干草。青干草是一种较好的粗饲料，是肉牛的最基本、最主要的饲料，不仅蛋白质的品质完善，而且各种营养物质的含量比较均衡，胡萝卜素的含量丰富，矿物质的组成比例合理。虽然纤维素含量比较多，但只要适时刈割，木质化程度较轻，其粗纤维的消化率较高，为70%~80%。

4. 稿秕类饲料　包括稿秆和秕壳两大类。稿秆是指各种作物收获籽实后的秸秆，包括茎秆与叶片，如谷草、玉米秸、麦秸、稻草、大豆秸、豌豆蔓等；秕壳是作物脱粒或碾场时的副产品，包括种子的外壳、荚壳、部分瘪籽、杂草种子等，如麦糠、豆荚子等。

（二）能量饲料

系指干物质中粗纤维含量低于18%，同时粗蛋白质量低于20%的饲料，包括谷实类饲料、多汁饲料、麸糠类饲料等。

1. 谷实类饲料

（1）营养特点　最大特点是淀粉含量高，粗纤维含量很少，是家畜饲料中能量的主要来源，但蛋白质含量较少（8%~11%），含钙少，含磷多，维生素B_1含量丰富，维生素E含量较多，维生素D含量少。

（2）几种主要谷实类饲料

①玉米：肉牛的主要能量饲料。可利用能量高，含无氮浸出物70%，消化率高达90%，富含亚油酸，但蛋白质含量较低（9%），且蛋白质品质欠佳，缺乏赖氨酸和色氨酸，日粮配比时需与饼

（粕）类饲料搭配，黄色玉米中富含胡萝卜素和硫胺素，含钙、磷低。玉米入仓贮存时，含水量不得高于14%，否则，极易腐败变质，感染黄曲霉。

②高粱：代谢能水平与玉米相当，是很好的能量饲料，且抗逆性比玉米强，但含单宁过多，适口性差，在日粮中应限量使用，一般不超过日粮的20%。喂前最好压碎。

③大麦籽实：有两种，带壳者叫“草大麦”，不带壳者叫“裸大麦”。“草大麦”代谢能水平较低，适口性很好；“裸大麦”代谢能高于“草大麦”，蛋白质含量高，与小麦相似，喂前必须压扁，但不要磨细。

④燕麦籽实：粗纤维和蛋白质含量分别为8%和11.5%，代谢能是所有谷实类饲料中最高的。

⑤糙大米和碎大米：糙大米是稻谷脱去砻糠（外壳）后带有内壳的籽粒，其代谢能水平较高，与玉米籽实相近，蛋白质含量也与玉米籽实相近。碎大米是糙大米脱去大米糠（内壳）制作食用大米时的破碎粒，含少量大米糠，其代谢能水平与玉米近似。

2. 多汁饲料

（1）营养特点　水分含量大，松脆，适口性好，易消化，且有助于日粮的消化，有机物的消化率高达85%～90%。

含粗纤维少，仅占干物质的3%～10%。主要含无氮浸出物，风干后可作为能量饲料应用。

含粗蛋白质、钙、磷少，但利用率高。粗蛋白质约占干物质的10%，其中的一半是非蛋白质含氮物，蛋白质的生物学价值相当高。

胡萝卜素的含量差异很大，其中胡萝卜、黄心甘薯、南瓜含量丰富，而白心甘薯、马铃薯则缺乏。维生素 C 含量丰富，B 族维生素较少。

（2）几种常用的多汁饲料

①块根类：如胡萝卜、甘薯、饲用甜菜等。胡萝卜是冬季泌乳牛重要的多汁饲料，日粮中适当添加能较大地提高泌乳量，对犊牛的生长发育有促进作用，对保持母牛正常的繁殖能力也很重要。饲用甜菜产量高、营养价值较高，但新鲜甜菜含有较多硝酸盐，不能鲜喂，以免引起中毒。

②块茎类：如马铃薯等。这类饲料含大量淀粉。

③瓜类：如南瓜等。营养丰富，适口性好，易贮存和运输，具有增进食欲、提高产奶量的作用。

多汁饲料在贮存时应防霉变、虫食和霜冻，饲喂时应洗净、切除霉烂部分。

3. 麸糠类饲料　主要是指小麦麸和大米糠，另外还有高梁麸（细糠）、玉米麸（细糠）、小米糠（细糠）等。

（1）营养特点　蛋白质含量约 15%，比谷实类饲料高；B 族维生素含量丰富，维生素 E 含量也较多；物理结构疏松，含适量的粗纤维和硫酸盐类，有轻泻作用；含钙少，含磷多；有吸水性，容易发霉变质。代谢能水平低，为谷实类的 50%。

（2）几种主要麸糠类饲料

①小麦麸：肉牛良好的饲料，可称为保健性饲料。因其结构疏

松而且含有轻泻性盐类，有助于胃肠蠕动，保持消化道的健康。对于繁殖期的家畜，尤其在临产前和泌乳期，更具保健作用。通常在日粮中可占8%～15%。

②大米糠：100千克稻谷可出72千克大米、28千克糠。28千克糠中，砻糠22千克，大米糠6千克。大米糠粗脂肪含量高，代谢能水平是麸糠类饲料中最高的，这也是造成贮存时极易发热、发霉的原因。日粮中新鲜米糠可占精料的20%，陈旧米糠则易引起肉牛腹泻。

（三）蛋白质饲料

指干物质中粗蛋白质含量高于20%、粗纤维含量低于18%的饲料，包括植物性蛋白质饲料、动物性蛋白质饲料、微生物蛋白质饲料和非蛋白氮等。

1. *植物性蛋白质饲料* 指富含油质的植物籽实脱除油脂后的加工副产品，主要包括大豆饼（粕）、棉籽饼（粕）、花生饼、菜籽饼（粕）、亚麻籽饼（粕）及糟渣类饲料。

2，*动物性蛋白质饲料* 主要指肉食加工副产品、渔业加工副产品、乳及乳品工业副产品等，包括乳、脱脂乳、鱼粉、血粉、肉粉、肉骨粉、蚕蛹、羽毛粉、蚯蚓、食蛆及单细胞蛋白质（如酵母等食用微生物）。

动物性蛋白饲料含蛋白质量高、质优，所含氨基酸齐全，且比例合理，生物学价值高，特别是必需氨基酸（如色氨酸）含量丰富；含钙、磷充分且比例合适，利用率高；富含维生素 B_{12} 和维生素 D。因此，动物性蛋白质饲料属优质蛋白质饲料。

3. *非蛋白氮* 尿素是一种较常用的非蛋白氮，含有45%的氮素，氮素在瘤胃内被微生物转化为菌体蛋白，之后在肠道消化酶作用下被牛体消化利用，因此饲喂尿素可提高饲粮中粗蛋白质含量。

（四）矿物质饲料

天然饲料中都含有矿物质，但大多数不够全面，与家畜对矿物质营养的要求不相适应，如青绿饲料与粗饲料富含钾、钙、磷，缺钠、氯；多汁饲料缺钙、磷、钠、氯；籽实类及其副产品富含磷而缺钙。虽动物性饲料中矿物质比较完善，但此类饲料在牛饲养上的应用不普遍。若牛能采食多种饲料，矿物质互相补充，基本上能满足机体健康和正常生长需要，但对泌乳牛来说是不够的，应人为补给，以平衡营养需要。

肉牛常见的矿物质饲料有以下三类：

1. *混合矿物质饲料*　是根据家畜不同生理状态对各种矿物质元素的需要情况，用科学配方，按一定的矿物质元素的比例配制而成的。现在肉牛饲养对这类饲料的名目繁多，多以添加剂形式进行供给。

2. *食盐*　对于食盐的需要家畜多以植物性饲料为主的，摄入的钠和氯等矿物质不能满足需要，更需要补充食盐。如果摄入的钾相当多，补充食盐既可满足钠和氯的需要，又可满足机体对矿物质平衡的要求。一般占混合料的1.5%为宜。

3. *含钙、磷的矿物质*　钙和磷缺少其中任何1种对家畜的身体发育成长都是不利的，而在实际营养需求中钙和磷是一对相辅相成的矿物质元素，倘若比例配搭不好的话，也会影响机体健康。钙、磷在日粮中的比例以1.5∶1～2∶1为宜，常将钙和磷放在一起来进行。

（五）添加剂饲料

1. 营养性添加剂

（1）维生素添加剂　常用的维生素有维生素 A、维生素 D、维生素 E、维生素 B_1、维生素 B_2、维生素 B_6、维生素 B_{12}、氯化胆碱、烟酸、泛酸、叶酸、生物素等。

（2）氨基酸添加剂　主要有植物性饲料中缺乏的必需氨基酸，如赖氨酸、色氨酸、精氨酸等。

2. 非营养性添加剂

这类添加剂本身不具有营养作用，但具有刺激代谢、驱虫、防病等作用，也有部分是对饲料起保护作用的物质，间接对牛的生长起促进作用。

（1）抗生素添加剂　作用在于抗病。

（2）促生长添加剂　主要是刺激动物生长，提高饲料利用率。这类饲料添加剂有激素、砷制剂、铜制剂等。

（3）饲料保护剂　由于脂肪及脂溶性维生素在空气中极易氧化变质（尤其在高温季节），影响饲养效果。因此，在富含油脂饲料的加工过程中，加入这种添加剂，可防止和减缓氧化作用。常用的抗氧化剂有丁基羟基苯甲醚（BHA）、丁基羟基甲苯（BHT）、乙氧喹等。

（4）缓冲剂　当饲喂高精日粮、玉米青贮、啤酒糟等饲料时，牛瘤胃内容物酸度增加，使乳脂率下降，应适当添加碳酸氢钠（1%）或碳酸氢钾（1%）和氧化镁（0.5%）混合物，以起到调节饲料酸碱度的作用。

此外，还有防霉剂，如丙酸钙、丙酸等。

3. 添加剂饲料的特点及利用　添加剂饲料的特点是用量小，作用大。利用时应注意以下几点：

（1）妥善保存　添加剂饲料，特别是维生素类、酶类、激素类等，易发霉、变质、受光失活、氧化，故保存时温度要低，且要密封、避光。

（2）安全性　添加剂饲料一般用量少，超过使用量，易引起中毒。因此使用时要适量并拌匀。

（3）节约使用　使用时要精打细算，操作精细，严防浪费。

二、饲料的成分与营养价值

饲料中的有效能受饲料营养成分含量的影响，但饲料常规有效能测定方法比较复杂，不易进行，饲料的化学成分十分复杂，因其品种、分布的地域、收获时期、土壤的肥力不同而变化。

牛的饲料成分大概有如下几种：

（一）水分

饲料中的水分有两种存在形式：一种为游离水（也称自由水），另一种为吸附水（也称结合水）。饲料的含水量为游离水与吸附水的总和。

（二）粗蛋白质

饲料的粗蛋白质是所有含氮物质的总和，其中包括蛋白质和各种非蛋白质含氮物质，前者是真正的蛋白质（纯蛋白质），后者为非蛋白氮。对于肉牛，非蛋白氮具有与纯蛋白质相当的营养价值。

饲料中粗蛋白质的种类多样，但以凯氏定氮法测得其含氮量多为15.0%～18.4%，一般以16.0%计，亦即1克氮约相当于6.2（100/16）克蛋白质。非蛋白氮包括游离氨基酸、肽类、氨化物、硝酸盐等，在生产中还包括人为添加入饲料中的尿素及其衍生物（缩二尿、羟甲基尿素、磷酸尿素等）、肽类及其衍生物（氨基酸、酰胺等）、有机胺与无机铵类（硫酸铵、氯化铵、乙酸胺、丙酸胺、碳酸铵、碳酸氢铵等）。饲料中蛋白质的50%～70%进入瘤胃后被其中的微生物降解（降解蛋白），其余经过瘤胃但未被降解的饲料蛋白称为过瘤胃蛋白；到达牛小肠的蛋白质除过瘤胃蛋白外，还有瘤胃微生物合成的菌体蛋白。减少蛋白在瘤胃中的降解率，提高过瘤胃蛋白质（氨基酸），不仅能提高蛋白质的利用率，还可减少限制性氨基酸（蛋氨酸、赖氨酸等）对生产的限制。

（三）粗脂肪

指饲料中能溶于乙醚的非含氮化合物，包括脂肪（真脂肪）和类脂，后者分为固醇类、复合脂类（磷脂、糖脂、树脂、色素等）。脂肪不仅供给机体能量（氧化产生的能量约为同质量碳水化合物或蛋白质的2.25倍），还是脂溶性维生素的载体。

（四）碳水化合物

饲料中的碳水化合物包括单糖、聚糖、淀粉、有机酸、果胶、半纤维素、纤维素、木质素、角质等，习惯上将半纤维素、纤维素、木质素、角质等称为粗纤维，其余称为无氮浸出物。粗纤维是饲料中最难消化的部分，一般粗饲料中粗纤维含量超过18%。Van Soest等（1963～1967）发明的洗涤剂饲料纤维分析法更为科学地将饲料中的碳水化合物分为中性洗涤纤维（NDF）、酸性洗涤纤维（ADF）和非纤维素碳水化合物（NFC）。洗涤剂饲料纤维分析法在

1973 年得到美国公职分析化学家协会认定，现在已被世界各国逐渐采纳。

三、饲料的加工调制

（一）物理调制法

1. 切碎、软化　适宜长度的粗饲料，有利于增加牛的采食量和咀嚼、反刍次数；充分软化的粗饲料有利于牛的采食、消化。通常粗饲料切碎长度为 3 ~4 厘米，软化的主要方法有碾压、揉搓和浸泡。

2. 碎制　对于坚硬而有种皮的豆谷籽实和硬而大的块根块茎等饲料，在饲喂前必须进行碎制处理，方法有碾磨、击碎、碾压、切片等。

3. 膨化和颗粒化　通过对饲料，主要是精饲料，先加热加压，再瞬间减压，使饲料膨胀，即膨化。膨化过程可使饲料中部分蛋白质变性、淀粉糊化、抗营养因子灭活，有利于提高饲料的消化率和利用率。此外，在饲料贮运前，还要对饲料进行去杂物（砖、铁、石块、塑料等）、干燥、烤制等净化和去水分处理。

（二）化学调制法

1. 碱化　碱（氢氧化钠、氢氧化钙等）能使秸秆中的木质素转变为羟基木质素（可溶），提高秸秆饲料的消化率。方法是用 1% 生石灰或 3% 熟石灰（氢氧化钙）溶液碱化秸秆。将秸秆浸入石灰乳中 3 ~5 小时后捞出，24 小时后即可饲喂牛，无须用水洗涤。石灰乳可以继续使用 1 ~2 次。虽然石灰乳碱化的效果不如氢氧化钠，但石灰来源广，成本低，安全性好，对环境破坏小，同时可补充饲料钙质。

2. 氨化　用氨水（具有碱性）氨化秸秆能取得与碱化处理相似的效果，且增加了饲料中粗蛋白质含量。采食氨化秸秆，牛的采食量可提高 10% ~30%，消化率可提高 10% ~20%，秸秆粗蛋白质含量增加 1.0 ~1.5 倍。

秸秆氨化的氨源有纯氨（液氨）、氨水、含氮化合物（碳酸铵、尿素）等。氨化的方法有堆垛充氨（液氨）、坑窖氨化、袋装氨化、加热氨化等。氨化饲料必须密封，氨的用量应占秸秆重量的 2.5% ~4%。氨化的时间应视温度而定（表 4-2）。

表 4-2　秸秆氨化时间与温度的关系

温度（℃）	氨化时间
0 ~5	8 周
5 ~15	4 ~8 周
15 ~20	2 ~4 周
20 ~30	1 ~3 周
30 以上	1 周内
85 ~100（氨化炉）	24 小时至数小时

氨化原料的含水量应为 30% ~50%。氨化饲料在饲喂牛前应晾 1 ~2 天，以挥发余氨，且在饲喂时应限量。

在生产中，尿素氨化应用较广泛。将 3 千克尿素溶于 60 千克水中，均匀喷洒到 100 千克秸秆上，逐层堆放，压实，以塑料膜密封。在秸秆中存在的脲酶作用下，尿素会分解释放出氨，对秸秆进行氨化。若将石灰乳碱化与氨化结合使用，效果更佳，方法是碱化时加入 1% 的氨。在尿素缺乏时，用碳酸铵也可以进行秸秆氨化，方法与尿素相同，用量以氨含量核算。

肉牛的饲养目前多集中在秸秆资源丰富的农区，氨化处理的秸秆是肉牛良好的粗饲料和合成蛋白质的氮素营养。

（三）生物调制法

是利用有益的厌氧微生物分解饲料中的糖，降解粗饲料中的纤维素与木质素等，达到长期保存或提高青绿多汁饲料和秸秆等粗饲料营养价值的方法。生物调制法一般有青贮和微贮两种。

1. 青贮　青贮既能保持饲料养分，又能改善饲料的适口性，提高消化率。

（1）青贮原理　在密封厌氧条件下，利用饲料自身存在的乳酸菌对饲料进行发酵，产生乳酸，使原料 pH 下降。当 pH 达到 4.2 以下时，有害菌完全不能生长，达到 3.8 时，乳酸菌自身繁殖也受到抑制，青贮容体内环境趋于稳定，这样便可以长期保持饲料养分。17 ~ 21 天完成青贮原料的发酵过程。

（2）窖址选择　青贮窖应选择地势较高、向阳、干燥、土质较坚实的地方，避开交通要道，远离河渠、池塘、粪场、垃圾堆等，四周要有排水沟，防止雨水流入窖内，同时要距牛舍较近，四周要有一定空地，便于运料和切碎原料。青贮窖一般为圆柱形或长方形，圆柱形的适宜肉牛头数不多的饲养场。青贮窖的形式有地下、半地下，制作材料有土质、砖质和石质。长方形窖要求四角成半圆形，上口宽度稍大于下底宽度，宽与深的比例以 1：（1.5 ~ 2）为宜，内壁要光滑平直。青贮窖挖修好后要晾晒 1 ~ 2 天。

（3）青贮原料　青贮原料要有适当的含糖量，即有乳酸菌发酵

所需的足够的原料，如玉米秸、高粱秸、禾本科牧草、南瓜、甘蓝、甘薯藤等。紫花苜蓿、三叶草、大豆、紫云英等豆科牧草必须与以上原料混贮才能取得良好的效果。另外，还有很多饲料不易青贮，如南瓜藤等，青贮时需要与含糖丰富的青贮原料相混合。青贮原料还需有足够的水分，一般要求含水量为60%～70%，水分不足时要在青贮过程中逐步洒水。为便于压紧、踏（压）实，营造厌氧环境和取料方便，青贮原料必须切短，玉米秸以2～3厘米长为宜，甘薯藤等以铡成5～10厘米长为宜。

（4）青贮原料的装填　青贮原料装填的速度要快，最好1～2天内将全部原料装入窖内并封好，最迟不要超过3～4天。容积较大的窖，在1～2天内装不满时，应采用逐层分段摊平压实的方法，保证其质量。装料前，窖底应先铺一层约20厘米厚的碎草，然后再装填青贮原料。

（5）压实　将青贮料压实，是保证青贮饲料质量的重要一环。大容积的青贮窖，最好用履带式拖拉机碾压，每装入30～50厘米厚的原料就要碾压1次；小型青贮窖可用人工踏实，每装入10～15厘米厚的原料踏1次。要特别注意窖边、角部位的压实。

（6）盖土封埋　将青贮原料装满窖并堆至高出窖口0.5米后，用塑料布严密覆盖，再覆土密封，压紧，以防漏气。覆土的厚度因气温而定，北方要适当厚些，如北京地区一般覆土30～50厘米。封埋后3～5天，饲料开始下沉，覆土出现裂缝或凹坑时，应及时覆盖新土以填补。经1～1.5个月，便可开窖饲用。

在调制青贮饲料时也可添加一些其他物质，即制成添加剂青贮，如添加促进乳酸发酵的原料（糖、蜜、麸皮、甜菜渣、乳酸菌制剂等），又如添加尿素（3%～5%），提高青贮饲料的总氮量。

(7) 品质鉴定　青贮料品质的评定可从颜色、气味和质地几个方面进行：

颜色：因原料与调制方法不同而有差异。青贮料的颜色越接近原料颜色，说明青贮过程越好。品质良好的青贮料，颜色呈黄绿色，pH 为 4.0 ~4.2；中等品质的青贮料呈黄褐色或褐绿色，pH 为 4.6 ~4.8；劣等的青贮料为褐色或黑色，pH 为 5.5 ~6.0。

气味：正常青贮料有一种酸香味，略带水果香味者为佳；有刺鼻的酸味，则表示含有醋酸较多，品质较次；霉烂腐败并带有丁酸味（臭）者为劣等，不宜喂家畜。换言之，酸而喜闻者为上等，酸而刺鼻者为中等，臭而难闻者为劣等。

质地：品质好的青贮料要在窖里压紧实，手感柔软，略带潮湿，松散不粘手，茎、叶、花仍清晰可辨。若结成一团，分不清原料的原有结构或过于干硬，均为劣等青贮料。

2. 微贮　原料主要是农作物秸秆，也可用青绿多汁饲料。微贮的原理与青贮相似，不同之处在于微贮过程中需向原料中添加木质纤维分解菌、有机酸发酵菌等有益菌，以降解秸秆中的木质素等，使之转化为乳酸、挥发性脂肪酸等。粗饲料经微贮，其干物质消化率提高 24.14%，粗纤维消化率提高 43.77%，有机物消化率提高 29.4%，总能量几乎无损失。微贮所用的秸秆发酵活干菌剂或水剂有很多种可供选购，使用时只需将含 0.8% ~1.0% 的食盐水（约 37℃）活化 30 分钟，分层洒于微贮原料上。如用于青贮原料时，用量减半。

生产中也常将尿素氨化与青贮、微贮综合使用，提高调制饲料质量，减少饲料霉变和鼠害。在微贮时，添加促进乳酸发酵的原料，如麸皮、玉米粉、糠、甜菜渣，效果会更佳。

第三节 肉牛的饲养标准与日粮配合

一、肉牛的饲养标准

肉牛饲养标准是肉牛群体的平均营养需要量，不能准确地符合每头肉牛，一般有5%～10%的差异，所以在实际工作中不能完全按照饲养标准机械地套用于每头肉牛，必须根据本场具体情况（牛群体况、当地饲料来源、环境、设备等）及肉牛对营养物质的实际需求量进行调整。

二、日粮配合

（一）日粮配合时常用的术语

1. 日粮　指牛在一昼夜内所食入的各种饲料的总量。单一饲料不能满足肉牛的营养需要，必须将各种饲料相互搭配，使日粮中各种营养物质的种类、数量及其相互比例均能满足肉牛的营养需要，这样的日粮称为平衡日粮或全价日粮。

2. 日粮配合　指按照饲养标准设计肉牛每日所需各种饲料给量的方法与步骤。

3. 配合饲料　指多种饲料原料按一定比例混合的饲料。根据市场销售形式，配合饲料分为全价配合饲料、浓缩饲料、复合预混料等。

4. 饲料配方　按科学的饲养原理，根据肉牛的营养需要、生理特点、饲养标准、饲料的营养价值、原料现状、价格等合理地确定各种饲料的配合比例，即为饲料配方。

5. 浓缩饲料　指将蛋白质饲料、矿物质饲料、微量元素、维生素和非营养性添加剂等按一定比例配制的均匀混合物。浓缩饲料再加上能量饲料即为配合饲料，一般情况下，全价配合饲料中浓缩料占20%~30%。

6. 复合预混料　指将微量元素、维生素、氨基酸、非营养性添加剂中任何两类或两类以上的成分与载体或稀释剂（石粉、麸皮等）按一定比例配制的混合物。预混料是浓缩料的核心。

（二）日粮配合原则

第一，日粮配合必须以饲养标准为基础，根据本场具体情况（牛群体况、环境、饲料设备）和饲养效果，不断调整和完善，以求得营养平衡。

第二，饲料种类应尽可能多样化，以提高日粮营养的全价性和饲料利用率。

第三，贯彻最低成本配方和最适宜配方原则，同时兼顾饲料的适口性、日粮的营养浓度、消化吸收率、管理成本，还要考虑饲料的营养、价格变动等影响。选择饲料要注重经济效益，因地制宜地选择，以充分利用当地时令饲料资源。采用营养物质丰富而价格低廉的饲料，以降低饲养成本，提高生产经营效益，同时应注意饲料质量，饲料要适口性好，易消化，严禁将霉烂、变质的饲料配入日粮。饲料种类保持稳定，必须变化时要循序渐进。

第四，要确保肉牛有足够的采食量和正常的消化功能，应保证日粮有足够的体积和干物质含量。干物质含量应为肉牛体重的2%～3%，粗纤维含量应占日粮干物质的15%～24%，即干草和青贮饲料应不少于日粮干物质的60%，确保牛吃得下，吃得饱，吃得好。

（三）日粮配合方法

常用的日粮配合方法有试差法、对角线法、代数法和计算机法等。配合日粮时，应先选择有代表性的牛，了解该牛采食饲料量，从肉牛饲养标准中查出该牛每天营养成分的需要量，再从饲料成分及营养价值表中查出现有饲料的各种营养成分，根据现有各种成分进行计算，合理搭配成平衡日粮。配方成立的项目和顺序：干物质→能量→粗蛋白质→总磷→钙→维生素→矿物质，其中前5项不能颠倒。

1. *试差法* 例如，为某场体重为200千克的生长肉牛配制日粮，要求日增重0.9千克。

第一步，查表得生长肥育牛的营养需要，见表4-3。

表 4-3　生长肥育牛的营养需要

项目	干物质（千克）	肉牛能量单位（RND）	粗蛋白质（克）	钙（克）	磷（克）
维持需要	3.3	1.8	293	7	7
增重需要	2.04	1.41	376	24	8
合计	5.34	3.21	669	31	15

第二步，列出所用饲料的营养成分，见表 4-4。

表 4-4　青贮玉米及羊草营养

编号	饲料名称	干物质（千克）	肉牛能量单位（RND）	粗蛋白质（克）	钙（克）	磷（克）
3-03-605	青贮玉米	22.7	0.12	1.6	0.1	0.06
1-05-645	羊草	91.6	0.46	7.4	0.37	0.18

第三步，初步计划饲喂青贮玉米 12 千克，羊草 2 千克，初配日粮养分如表 4-5。

第四步，在表 4-5 平衡情况中，各种营养物质均不足，应搭配富含能量、蛋白质的精料，并补充钙、磷。可供选择的饲料有玉米、豆饼、尿素、骨粉，这些饲料的养分见表 4-6。

第五步，按配方成立的项目与顺序逐步计算混合精料的营养，并与粗饲料共同组成日粮。混合精料养分如表 4-7。

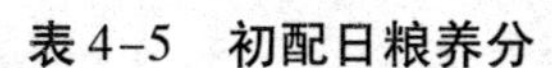

表 4-5　初配日粮养分

名称	给量（千克）	干物质（千克）	肉牛能量单位（RND）	粗蛋白质（克）	钙（克）	磷（克）
青贮玉米	12	2.72	1.44	192	12	7.2
羊草	2	1.83	0.92	148	7.4	3.6
小计	14	4.55	2.36	340	19.4	10.8
平衡情况		-0.79	-0.85	-329	-11.6	-4.2

表 4-6　有关精料营养成分

编号	饲料名称	干物质（%）	肉牛能量单位（RND）	粗蛋白质（%）	钙（%）	磷（%）
4-07-263	玉米	88.4	1.00	8.4	0.08	0.21
5-10-043	豆饼	90.6	0.92	47.5	0.32	0.50
	尿素	100	0	280	0	0
6-14-022	骨粉	91.0	0	0	31.82	13.39

表 4-7　混合精料养分

名称	给量（千克）	干物质（克）	肉牛能量单位（RND）	粗蛋白质（克）	钙（克）	磷（克）
玉米	0.53	0.469	0.53	44.5	0.42	1.11
豆饼	0.37	0.335	0.34	175.8	1.18	1.85
尿素	0.04	0.04	0	112.5	0	0
骨粉	0.032	0.032	0	0	10.18	4.28

续表

名称	给量（千克）	干物质（克）	肉牛能量单位（RND）	粗蛋白质（克）	钙（克）	磷（克）
食盐	0.01	0.01	0	0	0	0
小计	0.982	0.896	0.87	332.3	11.78	7.24
总计	14.982	5.346	3.23	672.3	31.18	18.04
总平衡情况		+0.096	+0.02	+3.3	+0.18	+3.047

综合上述结果，已达到营养标准，偏差符合要求，所求日粮组成为：青贮玉米12千克，羊草2千克，玉米0.53千克，豆饼0.37千克，尿素40克，食盐10克，骨粉32克。

2. 对角线法　例1：要用含蛋白质8%的玉米和含蛋白质44%的豆饼配合成含蛋白质14%的混合料，两种饲料各需要多少？

先在方块左边上、下角分别写出玉米和豆饼的蛋白质含量8%和44%，中间写出所要得到的混合料的蛋白质含量14%，然后分别计算左边上、下角的数与中间数值之差，差值写在对角线上，30（44-14）即为玉米的使用量成分，6（14-8）即为豆饼的使用量成分。两种饲料成分之和为36（30+6），混合料中玉米占83.3%（30/36），豆饼占16.7%（6/36）。当要配制4000千克混合料时，需用玉米83.3%×4000=3332千克，需用豆饼16.7%×4000=668千克。

例2：为体重300千克的生长肥育牛配制日粮，要求日粮中精料占70%，粗料30%，日增重为1.2千克，可选饲料原料为玉米、棉籽饼和麦秸。

第一步，查表得生长肥育牛的营养需要见表4-8。

营养标准中粗蛋白占干物质的份额为11.13%（0.85÷7.64）。

第二步，查表得玉米、棉籽饼、小麦秸的营养成分含量，如表4-9。

表4-8 生长肥育牛营养需要

项目	干物质（千克）	肉牛能量单位（RND）	粗蛋白质（克）
维持需要	4.47	2.60	397
增重需要	3.17	3.09	453
合计	7.64	5.69	850

表4-9 饲料养分

编号	饲料名称	干物质（%）	肉牛能量单位（RND）	粗蛋白质（%）
4-07-194	玉米	100.00	1.18	9.7
5-10-612	棉籽饼	100.00	0.92	36.3
1-06-620	小麦秸	100.00	0.26	10.1

日粮中小麦秸为日粮提供粗蛋白质的量为30%×10.1%=3.03%；

棉籽饼与玉米应为精料提供粗蛋白质的量为：

$$\frac{11.13\%-3.\%}{70\%}=11.57\%。$$

第三步。就用对角线法计算精籽中棉籽饼与玉米的比例。

棉籽饼与玉米的成分总和为26.6，其中玉米占的份额为92.97%，棉籽饼占的份额为7.03%。日粮中前者占65.08%（92.97%×70%），后者占4.92%（7.03%×70%）。

第四步，平衡营养。将配合日粮与营养需要相比较，结果见表4-10。

表4-10　配合日粮与营养需要比较

项目	干物质（千克）	肉牛能量单位（RND）	粗蛋白质（克）
玉米	4.97	5.86	482
棉籽饼	0.38	0.35	138
小麦秸	2.29	0.60	231
合计	7.64	6.81	851
平衡情况	0	+1.12	+1

注：配合日粮中干物质总和按7.64计，玉米用量即7.64×65.08%＝4.79千克。4.79千克玉米中的RND为4.79×1.18＝5.86，4.79千克玉米中的粗蛋白质含量为4.79×9.7%＝0.482千克。棉籽饼、小麦秸计算相同。

由表4-10可以看出，配合日粮满足营养需要，偏差符合要求，以干物质计算，日粮配方为：小麦秸2.29千克，玉米4.97千克，棉籽饼0.38千克。

由以上的例子可以看出，对角线法只适于计算符合某一种要求的两种饲料的配合料，在用多种原料配制饲料时可以通过多次对角线法计算符合要求的混合料配比。不过应用对角线法计算的每两种饲料都应先算出两者在单配料中的份额，再计算两者在日粮中的比例。

第五章

牛的繁殖技术

第一节 母牛的发情与发情鉴定

一、母牛的发情

母牛发情是指母牛卵巢上出现卵巢的发育，能够排出正常成熟卵子，同时在母牛生殖器官和行为特征上呈现一系列变化的生理和行为学过程。

（一）初情期

母牛出现第一次发情和排卵的现象叫做初情期。这时母牛虽有发情表现，但不完全，发情周期也往往不正常，其生殖器官仍在继续生长发育中，虽已具有繁殖机能，但达不到正常繁殖力。牛的初情期一般为6～12月龄。初情期的早晚受遗传、体重、季节、营养水平和环境等多种因素的影响。

（二）性成熟

母牛到一定年龄，生殖器官发育完全，具备了正常繁殖能力的时期。牛的性成熟期一般为10～14月龄。但性成熟期的母牛的身体发育尚未完全，这时配种妊娠不仅妨碍母牛的继续发育，而且还可能造成难产，同时也影响母牛的体重，故不宜在此时配种。

（三）发情持续期

发情持续期是指母牛从发情开始到终止的时间。在一般情况下，成年母牛发情持续期平均为18小时，范围在6～36小时，青年牛约为15小时，范围在10～21小时。发情持续期的长短受气候、年龄、营养状况、品种及使役轻重等因素的影响。气温高的季节，母牛发情持续期要比其他季节短。在炎热的夏天，除卵巢黄体正常分泌黄体酮外，还从母牛的肾上腺皮质部分泌黄体酮，黄体酮或黄体生成素会缩短发情持续期。育成母牛发情持续期要比老龄母牛长，饲料不足的草原母牛要比农区饲养的母牛短，黄牛要比水牛短。

（四）发情周期

母牛性成熟后，受内分泌的影响，其生殖器官发生周期性的变化。从一次发情开始到下一次发情开始的间隔时间为一个发情周期。如果母牛已怀孕，发情周期即中止，待产犊后间隔一定时间，重新恢复发情周期。成年母牛的发情周期平均为21天，范围在18～24天，一般青年母牛的发情周期比经产母牛短1～2天。

（五）繁殖机能停止期（绝情期）

母牛到年老时，繁殖机能逐渐衰退，继而停止发情，称为繁殖机能停止期（绝情期）。其年龄因品种、饲养管理和健康情况不同而有差异。牛的绝情期一般为13～15年（11～13胎）。母牛丧失了繁殖能力，便无饲养价值，应该淘汰。

二、母牛的发情症状和特点

(一) 母牛发情症状

发情是母牛性活动的表现，是由于性腺内分泌的刺激和生殖器官形态变化的结果。在发情期间，母牛由于受到体内生殖激素、特别是雌激素的作用，不但在生殖生理上发生一系列的变化，而且在采食行为、活动性、性行为等多方面出现变化，且随着发情的不同阶段呈现一定的变化规律，是发情鉴定的重要依据。

1. 爬跨现象　发情母牛在运动场或放牧时爬跨其他母牛或被其他牛爬跨，特别是发情旺盛期的母牛，当其他牛爬跨时，常静立不动，且接受交配。据研究，发情牛被爬跨的次数比其他牛要多，行动活跃，运动次数多。

2. 行为变化　在发情初期，母牛眼睛充血、有神，常表现出兴奋、不安，有时哞叫，此过程随着发情的进展而更明显。到发情后期，母牛又从性兴奋转变为安静状态。发情盛期，牛的食欲减退，甚至出现拒食。排粪、排尿次数增多，泌乳量下降。

3. 生殖道的变化　发情母牛外阴部充血、肿胀，子宫颈松弛、充血，颈口开放，腺体分泌增多，产生黏液并从外阴部流出体外。阴道流出黏液的量与黏稠度往往是判断发情阶段的依据。一般情况下，发情初始时，黏液较稀薄、量少；进入发情盛期后黏液量显著增加，同时，黏稠度增高；进入发情后期子宫颈逐渐收缩，腺体分泌活动逐渐减弱，子宫内膜逐渐增厚，输卵管分泌物亦减少，阴道流出的黏液变得少而稀且略有浑浊。

输卵管上皮细胞亦增长，管腔扩大，分泌物增多，输卵管伞兴奋张开、包裹卵巢。这些变化为受精和受精卵的发育作生理准备。

发情后期生殖道的另一生理变化是阴道的出血现象。由于母牛卵巢激素分泌和子宫组织结构状态的变化，有70% ~80%的育成母牛和30% ~40%的成年母牛从阴道流出少量的血，说明母牛在2 ~ 3天前发情。只要流出的血量少、颜色正常、无异味且持续时间短，一般不会影响牛的配种繁殖。研究认为，配种后的母牛，阴道出现上述流血现象，妊娠的机会大于未流血牛。

4. 卵巢和内分泌水平的变化　在发情前2 ~3天卵巢内卵泡发育很快，卵泡液不断增多，卵泡体积逐渐增大，卵泡壁变薄，突出于卵巢的表面，最后成熟排卵，排卵后逐渐形成黄体。

（二）母牛的发情周期

母牛的发情周期，根据精神状态、卵巢的变化及生殖道的生理变化又可分为以下4个阶段。

1. 发情前期　是母牛发情的准备阶段。卵巢内黄体萎缩，新卵泡开始发育，卵巢稍增大，生殖器官开始充血，黏膜增生，子宫颈口稍开放，分泌物稍增加，母牛无性欲表现。

2. 发情期　根据发情期不同时间的外阴部症状及性欲表现，又可分为发情初期、发情盛期和发情末期。

发情初期：进入发情初期的母牛，卵泡迅速发育，雌激素含量增加，母牛兴奋不安、哞叫、产乳量下降。如果在运动场或放牧时，则游走少食，逗引同群母牛尾随，但不接受爬跨。发情母牛抬头游走，可见其阴唇肿胀，阴道壁潮红，但黏液分泌量不多、稀薄、牵缕性差，子宫颈口开放。直肠检查时，可感到子宫及输卵管蠕动增强。此时期约需10小时，少数牛在10小时以内。

发情盛期：母牛接受爬跨、被爬时伫立不动，臀部向后抵，举尾，交配欲强烈。拴系中的母牛，则表现两耳竖立，不时转动倾听，眼光敏锐，配种员走过时，回首观望，手拨尾根时无抗力，开膣检查时，黏液显著增加，稀薄透明，从阴户流出的黏液如玻璃棒样，具有高度的牵缕性，很易粘在尾根、臀端或飞节上的被毛上。子宫颈红润、松弛、开张。一侧卵巢增大，并可触摸到突出于卵巢表面的卵泡，直径1厘米左右，触之波动性还较差。

3. *发情后期*　此时母牛变得安静；外部无发情表现。触摸卵巢已经排卵，卵巢质地变硬，并开始出现黄体，因而产生了孕酮，以调节中枢神经的兴奋性，此时母牛发情结束。

4. *休情期（间情期）*　是母牛发情结束后的相对生理静止期。若卵子没有受精，黄体由发育成熟到逐渐萎缩，新的卵泡又逐渐开始发育，过渡到下一个发情周期。若卵子受精，则黄体持续存在，直到分娩。

发情后期和间情期又称为黄体期。

（三）母牛的排卵时间

排卵时间通常发生在发情结束后10～12小时。母牛的排卵时间与营养状况有很大关系，营养正常的母牛约75.3%集中在发情开始后21～35小时，而营养水平低的母牛则只有68.9%集中在21～35小时。

（四）母牛的发情特点

1. *发情持续时间短*　母牛发情持续时间平均为18小时，范围3～36小时。母牛发情持续时间短与垂体前叶分泌的促性腺激素比例有关。母牛垂体前叶含促卵泡生成素，与其他家畜相比为最低，而含促黄体生成素反而最高，所以发情时间短、排卵快。

2. 排卵在交配欲结束之后　母牛排卵是在交配欲结束之后6～15小时。这与母牛性中枢对雌激素的反应性有关。当血液中含少量雌激素时，母牛表现性兴奋，而含量增大时反而表现性抑制。当母牛发情开始时，卵泡中只产生少量雌激素，性中枢兴奋，出现交配欲；当卵泡继续发育接近成熟时，产生大量雌激素，性中枢受到抑制，交配欲消失，但卵泡还在继续发育，最后在促黄体素的协同作用下排卵，因而表现出排卵在交配欲结束之后。

3. 母牛发情后的出血现象　母牛常在发情后2～3天发生子宫内出血而从阴道流出的现象，其中以青年母牛、营养良好的母牛较为多见，出血量也较多。青年牛中有70%～80%，成年牛中有30%～40%出血。发情后出血的原因是由于子宫黏膜的实质充血，子宫阜上的毛细血管破裂，血液穿过上皮、渗入子宫腔，随黏液排出。发情后出血量在20～30毫升，血色正常者。对妊娠无不良影响。

（五）异常发情

母牛发情表现超越正常时，称为异常发情。常见的异常发情有以下几种。

1. 隐性发情　又称安静发情。一般指母牛发情表现不明显，即缺乏性欲表现。隐性发情的主要原因是由于某些因素干扰垂体的正常功能，引起促卵泡激素或雌激素分泌不足所致。如夏季高温、冬季寒冷、长期舍饲、缺乏运动、营养不良等，这种牛发情持续时间短，很易漏情失配。

2. 假发情　是指母牛只有外部发情表现，而无排卵过程。这种发情有两种情况，一是妊娠牛的假发情，母牛在妊娠5个月左右突然有性欲表现，特别是接受爬跨，但阴道检查时，子宫颈口闭锁，阴道无黏液，直肠检查可摸到胎儿。二是有发情表现，但不排卵，母牛虽有外部发情表现，但卵巢内无发育的卵泡，因而不排卵。卵巢机能不全的青年母牛和患有子宫内膜炎或阴道炎症的母牛常有这种表现。

3. 持续性发情　母牛发情的时间延长，超过正常时间范围，即为持续性发情。

卵巢囊肿：卵巢囊肿是由不排卵的卵泡继续增生、肿大而成。由于卵泡的不断发育，分泌过多的雌激素，使母牛不停地延续发情。引起的原因可能与子宫内膜炎、胎衣不下及营养有关。因这些因素可导致垂体分泌机能失调。

卵泡交替发育：开始在一侧卵巢有卵泡发育，产生雌激素，使母牛发情，但不久另一侧卵巢又有卵泡发育产生雌激素，又使母牛发情。由于前后两个卵泡交替产生雌激素，而使母牛延续发情。原因是垂体所分泌的促卵泡激素不足所致。

4. 不发情　不发情常见于营养不良、卵巢疾病、子宫疾病的母牛。泌乳量高的母牛在产后久不发情，主要是由各种不良因素引起的卵巢萎缩，或产生持久黄体，或使黄体处于静止状态所致。

三、母牛的发情鉴定

母牛发情时，其精神状态和生殖器官等都有一定的变化。根据牛在发情时的生理、生殖器官以及行为方面的变化可以比较准确地判断牛的发情状态，避免因牛的发情持续时间比较短或安静发情而造成漏配。主要方法有外部观察法、阴道检查法、试情法和直肠检查法。

(一) 外部观察法

发情母牛兴奋不安，来回走动，大声哞叫，两眼充血，眼光锐利，感应刺激性提高；拉开后腿，频繁排尿；食欲减退，反刍时间减少或停止；发情母牛在运动场或放牧时，四处游荡，寻找公牛，相互舔嗅后躯和外阴部，稳定站立并接受其他母牛的爬跨（静立反射）或爬跨其他牛，这是确定母牛发情的最可靠根据。两者的区别是：被爬跨的牛如发情，则站立不动，并举尾；如不是发情牛，则往往拱背逃走；发情牛爬跨其他牛时，阴门搐动并滴尿，具有公牛交配的动作。发情母牛的背腰和尻部有被爬跨所留下的泥土、唾液。发情前期阴唇开始肿胀，阴门湿润，黏液流出量逐渐增加，呈牵缕状，悬垂在阴门下方。发情末期外阴部肿胀稍减退，流出较粗的乳白色混浊柱状黏液，此时是输精的最佳时期。至发情后期，黏液量少而黏稠，由乳白色逐渐变为浅黄红色。

(二) 阴道检查法

用开腟器使阴道开张，观察阴道黏膜、分泌物和子宫颈口的变化，来判断母牛发情与否。操作方法是：将母牛保定在配种架内，用绳子将尾巴拴向一侧，外阴部清洗消毒。将开腟器清洗擦干并用75%酒精消毒，涂上已灭菌的润滑剂。左手将阴唇分开，右手持开腟器插入阴门。然后打开开腟器用手电筒光线照射，检查阴道和子宫颈的变化情况，判断母牛发情与否。发情母牛表现为阴道黏膜充血滑润，子宫颈口充血、松弛、开张，有黏液流出。发情前期黏液较稀薄，随发情时间的推移而变稠，黏液量由少到多，发情后期黏液量逐渐减少。不发情母牛阴道黏膜苍白、干燥，子宫颈口紧闭。

(三) 试情法

利用结扎输精管或切除阴茎的公牛放到母牛群中，根据公母牛的表现来鉴别发情母牛。一般被公牛尾随的母牛或接受公牛爬跨的母牛都是发情母牛。但结扎输精管的公牛仍能将阴茎插入母牛阴道，容易传染生殖道疾病。为减少结扎公牛输精管或阴茎外科手术的麻烦，可选择特别爱爬跨的母牛代替公牛，效果较好。国外近年来采用下颚球样打印装置，具体做法是将一半圆形的不锈钢打印装置，下端装一个自由滚动的圆珠，固定在皮带上，然后牢牢戴在试情公牛的下颚部。当公牛爬跨发情母牛时，即将稠墨汁印在发情母牛身上。这种方法对发情母牛的检出率为80% ~100% 。

另外，还可将试情公牛胸前涂以颜色或安装带有颜料的标记装置，放在母牛群中，凡经爬跨过的发情母牛都可在尻部留下标记。

(四) 直肠检查法

直肠检查法是目前应用广泛且较为准确的发情鉴定方法，即用手经直肠壁触摸卵巢上卵泡发育程度，判断母牛发情所处的时期。发情期母牛卵巢上卵泡发育一般分为5个时期。

1. 卵泡出现期　卵巢稍增大，卵泡在卵巢表面突出不明显，触摸时只感觉为软化点，其直径为0.5~0.75厘米。一般母牛在此期内即开始有发情表现，但也有些母牛在发情表现前即有卵泡出现。

2. 卵泡发育期　卵泡增大到1~1.5厘米，多呈圆形，较明显突出于卵巢表面。触之卵泡有弹性，内有波动感。母牛发情表现明显，接受爬跨。

3. 卵泡成熟期　卵泡不再增大，但泡壁变薄，紧张性增强，有一触即破之感。母牛发情表现减弱，转入安静，拒绝爬跨。这是人工授精的最佳时期。

4. 排卵期 卵泡破裂排卵，泡液流失，泡壁变为松软皮样，触之感觉有一个小凹陷。有时直肠检查，感觉到卵泡突然破裂，这种现象称为“手中排”。“手中排”的感觉似乎是一刹那的，但排卵过程仍旧是慢慢进行，延续数小时。

5. 黄体形成期 排卵6小时后，原来卵泡破裂处开始形成黄体，刚形成的黄体直径0.6~0.8厘米，触之如柔软的肉样组织。完全成熟的黄体直径2~2.5厘米（妊娠黄体还略大些），稍硬并有弹性，突出于卵巢表面。

在做牛的直肠检查时不能忽视的是注意卵泡与黄体的三大区别：

第一，母牛在发情前期的卵泡具有坚硬，光滑的特征。卵泡像个环形扣在在卵巢上面，在这里我们可以看到而没有退化的黄体一般呈扁圆形，稍突出于卵巢表面。

第二，卵泡的一般生长规律是循序渐进的即：由小到大，由硬到软，由无波动到有波动，由无弹性到有弹性。在实践中我们会发现黄体则变化比较大的，发育时较大而软，到退化时期愈来愈小、愈来愈硬。

第三，黄体与卵巢连接处有明显的界线且不平直，而正常的卵泡与卵巢连续处光滑，无界限。

第二节 母牛的人工授精技术

人工授精技术已成为养牛业的现代科学繁殖技术，并已在全国范围内广泛应用，对提高养牛业的繁殖速度和生产效率起到重大的促进作用。

人工授精是用器械人工采集公牛的精液，经检查并稀释处理后，再用输精器将精液输入母牛的生殖道内，以代替公母牛自然交配的一种配种方法。通过人工授精还能及时发现繁殖疾病，可以采取相应措施及时进行治疗。

一、冷冻精液的保存及运输

公牛的精液需要进行冷保存，这种保存方法是经过特殊的方法处理后，在储存室内保持超低的温度，这样就能够达到较长时间的保存。

牛的冷冻精液存放于添加液氮的液氮罐内保存和运输。液氮罐是根据液氮的性质和低温物理学原理设计的，类似暖水瓶，是双层金属壁结构，高真空绝热的容器，内充有液氮。液氮比空气轻，温度为-196℃，无色无味，易流动，可阻燃，易气化，在室温下出现爆沸现象，与空气中的水分接触形成白雾，迅速巨胀。液氮罐要放置在干燥、避光、通风的室内，不能倾斜，更不能倒伏，要精心管理，随时检查，严防碰撞摔坏容器的事故发生。

将符合标准的冷冻精液，分别包装、妥善管理并做好标记，置入具有超低温的冷冻液氮内长期保存备用。在保存过程中，必须坚持保存温度恒定不变、精液品质不变的原则，以达到冷冻精液长期保存的目的。冻精取放时动作要迅速，每次控制在5～10秒之间，应及时盖好容器塞，以防液氮蒸发或异物进入。冷冻精液的运输应有专人负责，采用充满液氮的容器来运输，其容器外围应包上保护外套，装卸时要小心轻拿轻放，装在车上要安放平稳并拴牢。运输过程中不要强烈震动，防止曝晒。长途运输中要及时补充液氮，以免损坏容器和影响精液质量。

二、冷冻精液的解冻

（一）颗粒冻精的解冻

将1毫升解冻液（2.9%的枸橼酸钠溶液或经过消毒的鲜牛奶、脱脂奶）置入试管中，在35～40℃水浴中加温，从液氮中迅速取出1粒冻精，立即投入试管中，充分摇动，使之快速融化。将解冻精液吸入输精器中待用。然后检查精液解冻后的活力，活力在0.3以上者方可用来输精。解冻的精液应注意保温，避免阳光直射，需要尽快使用，不可久置。一般要求在1小时内输精。

（二）细管精液的解冻

把水浴控制在35～40℃，从液氮罐中迅速取出细管精液，立即投入水浴中使之快速解冻，剪去细管封口，装入输精枪中待用。

（三）精液的质量标准

冷冻精液的精子活力不低于0.3。根据临床试验：精子复苏率（下限）50%。细管：每支（下限）1000万个。颗粒：每粒（下限）1200万个。安瓿：每支（下限）1500万个。只要按照技术规程保存和解冻精液，一般能够达到输精对精液质量的要求。

三、母牛的输精

根据母牛不返情率表明：繁育母牛接受爬跨第8～24小时输精的受胎率最高，适时而准确地把一定量的优质精液输到发情母牛生殖道的适当部位，对提高母牛受胎率极为重要。

（一）输精前的准备

母牛一般是在颈架牛床或输精架内输精。母牛绑定后，将其尾巴拉向一侧。输精前对母牛的阴门、会阴部要用温水清洗、消毒并擦净。同时做好输精器材和精液的准备，输精器应经过消毒，每一输精管只能用于一头母牛。

（二）输精方法

牛的输精目前常用的方法是直肠把握输精法，也叫深部输精法以及开张器输精法两种。开张器输精法：是借助开张器将母牛的阴道撑开，这样就能更清晰的把握位置，然后在利用诸如：手电筒，透镜，额灯，额镜等工具，找到母牛的子宫外口，这样更有利于把精子输入到子宫里面，在子宫颈处大概 1 ~ 2 厘米处，慢慢注入精液，然后在把输精管和开张器一同从子宫里面取出来。此方法虽然简单，但是，目前应用的不多。直肠把握子宫颈法：用具简单，不易感染，是国内外普遍采用的输精方法，有输精部位深和受胎率高的优点。输精操作时，将子宫颈后端轻轻固定在手内，手臂往下按压使阴门开张，另一只手把输精器自阴门向斜上方插入 5 ~ 10 厘米，以避开尿道口，再改为平插或向斜下方插，把输精器送到子宫颈口，再徐徐越过子宫颈管中的皱襞轮，将输精器送至子宫颈深部 2/3 ~ 3/4 处，然后注入精液，抽出输精器。

（三）输精过程中应注意的问题

第一，必须严肃认真对待，切实将精液输到子宫颈内。目前生产中存在的主要问题是由于输精技术掌握不好，没有把精液真正输到指定的部位，因此严重影响受胎率的提高，尤其在推行冷冻精液输精过程中更是如此。第二，个别牛努责厉害、弓腰，应由保定人员用手压迫腰椎，术者握住子宫颈向前方推，使阴道弛缓，同时，停止努责后再插入。第三，输精器进入阴道后，当往前送受到阻滞时，在直肠内的手应把子宫颈稍往前推，将阴道拉直，切不可强行插入，以免造成阴道破损。第四，输精器达子宫颈口后，向前推进有困难时，可能是由于子宫颈黏膜皱襞阻挡、子宫颈开张不好、有炎症、子宫颈破伤结疤所造成。遇到这种情况，应弄清原因移动角度，并进行必要的耐心按摩，切忌用力硬插。第五，进入直肠的手臂与输精器应保持平行，不然人体胸部容易碰上注射器内栓，造成精液中途流失。第六，使用球式输精器输精时，不得在原处松开捏扁的橡皮球，而应退出阴道外才松开，否则会引起精液回收，影响输精量。第七，如母牛过敏、骚动，可有节奏地抽动肠内的左手，或轻搔肠壁以分散母牛对阴部的注意力。第八，插入输精器时要小心谨慎，不可用力过猛，以防穿破子宫颈或子宫壁。为防折断输精器，需轻持输精器随牛移动，如已折断，需迅速取出断端。第九，遇子宫下垂时，可用手握住子宫颈，慢慢向上提拉，输精管就容易插入。第十，母牛摆动较剧烈时，应把输精管放松，手应随母牛的摆动而摆动，以免输精管断裂和损伤生殖道。

（四）输精量与有效精子数

输精量与有效精子数　母牛的输精量和输入的有效精子数，依所用精液的类型不同而异。颗粒冷冻精液输精量为 1 毫升，有效精子数在1200 万以上；细管冷冻精液输精量为0. 25 毫升和0. 5 毫升，有效精子数在 1000 万以上。

（五）输精时间和次数

输精时间主要根据母牛发情的表现、流出黏液的性质和直肠检查卵泡发育的状况来确定配种时间。一般认为，发情母牛接受其他牛爬跨而站立不动后 8 ~ 12 小时输精效果较好。输精次数要视当时输精母牛发情状态而定，如果对母牛的发情、排卵掌握正确，则输精一次即可。输精次数一般为 2 次，上午发现母牛发情，下午输精 1 次，次日上午再输 1 次；下午或夜间发现发情，次日上午和下午各输精 1 次。两次输精时间间隔 8 ~ 10 小时为宜。

第三节 母牛妊娠与分娩

一、母牛的妊娠

母牛的妊娠过程在母牛的输卵管内就已经开始了，但主要是卵裂阶段。只有胚胎进入子宫，并与子宫建立组织上的联系，即经着床并建立胚盘系统，才有可能为胎儿发育提供必要的生活条件，以完成子宫内生长发育的阶段。精子与卵子在输卵管结合形成合子（受精卵）的过程叫做受精。从受精开始到胎儿孕育成熟的过程叫妊娠。

二、妊娠期母牛的生理变化

母牛妊娠后，其内分泌、生殖系统以及行为等方面会发生明显的变化，以保持母体和胎儿之间的生理平衡，维持正常的妊娠过程。

（一）内分泌变化

母牛妊娠后，黄体继续存在而不退化，以最大的体积存在于整个妊娠期并分泌黄体酮。由于黄体酮的作用，垂体分泌促性腺激素的机能逐渐下降，从而抑制了牛的发情。在妊娠期，较大的卵泡和胎盘也能分泌少量的雌激素，但维持在最低水平。分娩前雌激素分泌增加，到妊娠 9 个月时分泌明显增加。但整个妊娠期，黄体酮是占主导地位的激素。

（二）生殖器官的变化

妊娠期间，随着胎儿的增长，子宫的容积和重量不断增加，子宫壁变薄，子宫腺体增长、弯曲，子宫括约肌收缩、紧张，子宫颈分泌的化学物质发生变化，分泌的黏液稠度增加，形成子宫颈栓，使子宫颈口呈封闭状态，而具有禁止外物侵入子宫伤害胎儿的功能。同时，子宫韧带中平滑肌纤维及结缔组织亦增生变厚。由于子宫重量增加，子宫下垂，子宫韧带伸长，子宫动脉变粗，血流量增加。此外，阴道黏膜变苍白，黏膜上覆盖有从子宫颈分泌出来的浓稠黏液。阴唇收缩，阴门紧闭，直到临分娩前因水肿而变得柔软。

（三）牛体的变化

初次妊娠的青年母牛，除了胎儿发育引起母体变化外，其本身在妊娠期仍能正常生长，经产母牛妊娠后，主要表现为新陈代谢旺盛，食欲增加，消化能力提高，所以母牛的营养状况改善，体重增加，毛色光润。妊娠母牛血液循环系统加强，脉搏、血流量增加，尤其供给子宫的血液量明显增加。

三、妊娠期和预产期的推算

（一）母牛的妊娠期

母牛的妊娠期是从最后一次发情的配种日期起直到胎儿出生为止的天数。母牛的妊娠期有较稳定的遗传性，但妊娠期的长短，与品种、年龄、胎儿性别以及环境因素有关。一般来说，早熟品种比晚熟品种短；黄牛比水牛短；怀公犊比怀母犊稍长；怀双胎比单胎稍短；冬季分娩的比夏季分娩的长；饲养管理条件较差的牛妊娠较长。母牛的妊娠期一般为275～285天，平均为280天。不同品种牛的妊娠期见表5-1。

表5-1　不同品种牛的妊娠期（单位：天）

品种	平均妊娠期及范围	品种	平均妊娠期及范围
利木赞牛	292.5（292～295）	婆罗门牛	285
夏洛来牛	287.5（283～292）	秦川牛	285（275.5～294.3）
海福特牛	285（282～286）	南阳牛	289.8（250～308）
西门塔尔牛	278.4（256～308）	晋南牛	（287.6～291.8）
安格斯牛	279（273～282）	鲁西牛	285（270～310）
短角牛	283（281～284）	蒙古牛	284.8（284.5～285.1）

（二）预产期推算

母牛妊娠后，为了饲养管理好不同妊娠阶段的母牛，编制产犊计划，合理安排生产，做好分娩前的各项准备工作，必须推算出母牛的预产期。

1. 公式推算法　如按280天的妊娠期计算，可采用配种月份减3，配种日期加6，即为预产期。

例如，某母牛2003年6月4日配种，则预产期为：

预产月份=6-3=3

预产日期=4+6=10

因此，该头母牛的预产日期为2004年3月10日。

当母牛配种月份小于3时，预产月份的计算方法是，配种月份加12再减3；当配种日期加6大于当月天数时，则将该月份的天数减去，余数就是下个月份的预产日期。

例如，某母牛2004年1月28日配种，则预产期为：

预产月份=（1+12）−3=10

预产日期=（28+6）−31=3

因此，该头母牛预产日期为2004年11月3日。

2. 查表法　直接应用母牛妊娠日历（表5-2），查得母牛的预产期。

表5-2　母牛妊娠日历

交配	分娩	交配	分娩	交配	分娩	交配	分娩	交配	分娩	交配	分娩
1月	10月	2月	11月	3月	12月	4月	1月	5月	2月	6月	3月
1	7	1	7	1	5	1	5	1	4	1	7
2	8	2	8	2	6	2	6	2	5	2	8
3	9	3	9	3	7	3	7	3	6	3	9
4	10	4	10	4	8	4	8	4	7	4	10
5	11	5	11	5	9	5	9	5	8	5	11
6	12	6	12	6	10	6	10	6	9	6	12
7	13	7	13	7	11	7	11	7	10	7	13
8	14	8	14	8	12	8	12	8	11	8	14
9	15	9	15	9	13	9	13	9	12	9	15
10	16	10	16	10	14	10	14	10	13	10	16
11	17	11	17	11	15	11	15	11	14	11	17
12	18	12	18	12	16	12	16	12	15	12	18

续表

交配	分娩	交配	分娩	交配	分娩	交配	分娩	交配	分娩	交配	分娩
13	19	13	19	13	17	13	17	13	16	13	19
14	20	14	20	14	18	14	18	14	17	14	20
15	21	15	21	15	19	15	19	15	18	15	21
16	22	16	22	16	20	16	20	16	19	16	22
17	23	17	23	17	21	17	21	17	20	17	23
18	24	18	24	18	22	18	22	18	21	18	24
19	25	19	25	19	23	19	23	19	22	19	25
20	26	20	26	20	24	20	24	20	23	20	26
21	27	21	27	21	25	21	25	21	24	21	27
22	28	22	28	22	26	22	26	22	25	22	28
23	29	23	29	23	27	23	27	23	26	23	29
24	30	24	30	24	28	24	28	24	27	24	30
			12 月								
25	31	25	1 日	25	29	25	29	25	28	25	31
	11 月								3 月		4 月
26	1 日	26	2	26	30	26	30	26	1 日	26	1 日
27	2	27	3	27	31	27	31	27	2	27	2
					1 月		2 月				
28	3	28	4	28	1 日	28	1 日	28	3	28	3
29	4			29	2	29	2	29	4	29	4
30	5			30	3	30	3	30	5	30	5
31	6			31	4			31	6		

续表

交配	分娩	交配	分娩	交配	分娩	交配	分娩	交配	分娩	交配	分娩
7月	4月	8月	5月	9月	6月	10月	7月	11月	8月	12月	6月
1	6	1	7	1	7	1	7	1	7	1	6
2	7	2	8	2	8	2	8	2	8	2	7
3	8	3	9	3	9	3	9	3	9	3	8
4	9	4	10	4	10	4	10	4	10	4	9
5	10	5	11	5	11	5	11	5	11	5	10
6	11	6	12	6	12	6	12	6	12	6	11
7	12	7	13	7	13	7	13	7	13	7	12
8	13	8	14	8	14	8	14	8	14	8	13
9	14	9	15	9	15	9	15	9	15	9	14
10	15	10	16	10	16	10	16	10	16	10	15
11	16	11	17	11	17	11	17	11	17	11	16
12	17	12	18	12	18	12	18	12	18	12	17
13	18	13	19	13	19	13	19	13	19	13	18
14	19	14	20	14	20	14	20	14	20	14	19
15	20	15	21	15	21	15	21	15	21	15	20
16	21	16	22	16	22	16	22	16	22	16	21
17	22	17	23	17	23	17	23	17	23	17	22
18	23	18	24	18	24	18	24	18	24	18	23
19	24	19	25	19	25	19	25	19	25	19	24
20	25	20	26	20	26	20	26	20	26	20	25
21	26	21	27	21	27	21	27	21	27	21	26

续表

交配	分娩	交配	分娩	交配	分娩	交配	分娩	交配	分娩	交配	分娩
22	27	22	28	22	28	22	28	22	28	22	27
23	28	23	29	23	29	23	29	23	29	23	28
24	29	24	30	24	30	24	30	24	30	24	29
					7月						
25	30	25	31	25	1日	25	31	25	31	25	30
	5月		6月				8月		9月		10月
26	1日	26	1日	26	2	26	1日	26	1日	26	1日
27	2	27	2	27	3	27	2	27	2	27	2
28	3	28	3	28	4	28	3	28	3	28	3
29	4	29	4	29	5	29	4	29	4	29	4
30	5	30	5	30	6	30	5	30	5	30	5
31	6	31	6			31	6			31	6

四、母牛妊娠诊断

母牛妊娠诊断主要是根据妊娠期间体内外变化及行为的改变而进行的。在生产实践中，母牛妊娠诊断方法有外部观察法、阴道检查法、直肠检查法。

（一）外部观察法

对配种后的母牛在下一个发情周期到来前，注意观察是否发情，如果不发情，则可能受胎。这种方法对发情规律正常的母牛有一定的参考价值，但不完全可靠。因为有的母牛虽然没有受胎，但发情时症状不明显或不发情；有的母牛虽已受胎但仍有表现发情的

（假发情）。

母牛妊娠3个月后，性情变得安静，食欲增加，体况变好，毛色光润。妊娠5～6个月后，母牛腹围有所增大，尤其是右下腹部比较明显。妊娠后期腹围明显增大，在右下腹部腹壁外常可见到胎动，乳房也有显著的发育。

母牛妊娠后，外阴部收缩，皱褶明显，随着妊娠日期的增加，外阴部下联合上翘起，阴毛上常有粪便粘成球状。妊娠最后1个月左右，出现阴唇逐渐肿胀、阴门出现缝隙、尾根两侧下陷等。

但以上的外观症状，只有在妊娠中后期才比较明显，所以不能做到早期妊娠诊断。

（二）阴道检查法

该法是根据阴道黏膜色泽、黏液分泌及子宫颈状态等确定母牛是否妊娠，常作为母牛妊娠诊断的辅助方法。

1. 阴道黏膜色泽　正常情况下，母牛妊娠3周后，阴道黏膜由未妊娠的粉红色变为苍白、无光泽，表现干燥。在检查时，观察要迅速，打开阴道的时间不宜过长。

2. 阴道黏液性状　妊娠2个月后，子宫颈口附近即有浓稠黏液，妊娠3～4个月后，黏液量增多并更为黏稠似糊状。同时阴道收缩，插入开膣器有阻力，有干涩感。子宫颈口被灰暗浓稠的液体所封闭。

3. 子宫颈的变化　妊娠母牛子宫颈口紧闭，有糊状黏液堵塞，形成子宫颈栓。子宫颈口的位置，随着妊娠时间的增加，从阴道端的正中下方移位，有时也会偏向一侧。这是由于子宫膨大、下沉，牵引子宫颈而造成的。

阴道检查法虽有一定的准确性，但是空怀母牛卵巢上有持久黄体存在时，阴道内也有妊娠时的症状表现。另外，对于妊娠母牛孕后发情，患有子宫疾病、阴道炎症，以及妊娠时间短不易确诊，所以只能作为一种辅助的检查方法。操作时要严格消毒，防止动作粗暴。

（三）直肠检查法

直肠检查法是母牛早期妊娠诊断最常用的方法之一，有经验的人员，可以在母牛妊娠40～60天判断妊娠与否，准确率可达90%以上。

直肠检查应根据子宫角的形状、质地，胚泡的大小、部位，卵巢的变化位置，及宫中动脉妊娠脉搏的出现等来判定母牛妊娠的妊娠前期、中期和后期。直肠检查操作要细心，严禁粗暴。检查时要迅速、准确，不要拖太长时间。检查顺序，可先从内盆底部摸到子宫颈，再沿子宫颈向前触摸子宫角、卵巢，然后检查子宫角、卵巢，最后检查子宫中动脉。

（四）激素诊断法

繁育母牛配种20天后，可以取己烯雌酚10毫克注入牛的体内，如果没有发情的表现，则证明已经妊娠，如果将己烯雌酚10毫克注入牛的体内第二天发现有显著的发情表现，就证明此繁育牛为未妊娠者。这种方法准确率很高，达到90%。

（五）看眼线法

此法简单易学，多来自于经验的积累。待到繁育母牛配种20多天后，可以在眼球瞳孔正上方巩膜表面，发现很清晰的纵向血管1～2条，呈直线，这些直线有的会发生弯曲，颜色比较艳丽，很鲜红，如果这些状况的发生就认为是妊娠者，准确率也比较高，达到90%多。

五、分娩与助产

母牛经过一定时间的妊娠后，胎儿发育成熟，母体和胎儿之间的关系，由于各种因素的作用而失去平衡，导致母牛将胎儿及附属膜排出体外，这一生理过程称为分娩。母牛分娩时的准备、助产和产后的护理，对保证母牛的正常分娩、健康及以后的繁殖力，对牛犊的成活和健康等极为重要。如果忽视护理，又没有必要的助产措施和严格的消毒卫生制度，就会造成母牛难产、生殖系统疾病、产后长期不孕或犊牛死亡，严重者造成母牛死亡或终生丧失繁殖能力。

（一）分娩预兆

随着胎儿的发育成熟，到分娩前，母牛在生理上会发生一系列的变化，以适应排出胎儿和哺乳的需要，根据这些变化可以估计分娩时间。

1. 乳房膨大　妊娠后期，母牛的乳房发育加快，特别是初产母牛更为明显。到分娩前半个月左右，乳房迅速膨大，腺体充实，乳头膨胀。特别到分娩前 2 ~ 3 天，乳房体发红、肿胀，乳头皮肤绷紧，近临产时有些母牛从乳房向前到腹、胸下部还可出现水肿，用手可挤出少量黏稠、淡黄色的初乳，有些牛甚至还有漏乳现象。

2. 外阴部肿胀　母牛分娩前 1 周外阴部开始松软、肿胀，阴唇皱褶消失，阴道黏膜潮红，黏液增多而湿润，阴门由于水肿而呈现裂开。

3. 子宫颈变化　子宫颈扩张、松弛、肿胀，颈口逐渐开张，颈内黏液变稀并流入阴道，阴道变得松软；堵在子宫颈口的子宫颈栓溶化变成透明黏液，并在分娩前 1 ~ 2 天由阴门流出。当子宫颈扩张2~3小时后，母牛便开始分娩。

4. 骨盆韧带松弛 分娩前1~2天荐坐韧带松弛，荐骨活动范围增大，外观可见尾根两侧下陷，经产牛表现得更加明显。

5. 尻部两侧凹下、塌陷 特别是经产母牛表现更为明显，可在产前1~2周开始出现，分娩前1~2天程度更甚。

6. 行为变化 分娩前母牛表现活动困难，起卧不安，尾部不时高举，常回首腹部，食欲减退或消失，频频排粪、排尿，但量很少。

当母牛出现上述症状后，说明母牛临产，应安排专人值班，做好安全接产和助产的准备。

（二）分娩过程

正常的分娩过程一般可分为开口期、产出期和胎衣排出期3个阶段。

1. 开口期 开口期即从子宫开始间歇性收缩起，到子宫颈口完全开张，与阴道的界限完全消失为止。这时，牛的子宫不受意识支配地进行间歇性收缩。母牛表现不安，来回走动，摇尾，蹴踢腹部，起卧不安。这一时期的特点是只有阵缩而不出现努责。繁育母牛的开口期平均需要2~6小时。一般时间为0.5~24小时。在开口期里，主要由于子宫的方向性的收缩．致使牛胎儿由下位、倒位转变为上位．这样就迫使着胎儿和胎膜向子宫颈管口移动．把软化的子宫颈管日完全撑开，或者部分的进人产道。

2. 胎儿产出期 当胎儿进入产道后，母牛的子宫还在不停的收缩，并且同时伴有轻微努责．腹部的压力明显的升高．迫使胎儿向外滑动，胎囊由阴门露出，当母牛的羊膜破裂后．牛胎儿最先露出的是前肢或唇部。然后，在排出胎儿的最后，还需要经过比较强烈的努责，这样才会让胎儿比较顺利的生产。这个期间的时间一般在0.5～4小时，经产牛比初产牛长。双胎时间一般在20～120分钟后排出第二个胎儿。

3. 胎衣排出期　即从胎儿排出至胎衣完全排出为止。胎儿排出后，母体安静下来，几分钟后子宫又出现收缩，伴有轻微努责，将胎衣排出，分娩结束。牛的胎衣排出期为2～8小时。

（三）助产

分娩是母牛的一种正常的生理过程，一般情况下不需要干预，助产人员的主要任务是监视分娩情况和护理新生犊牛。

助产人员应在严格遵守消毒的情况下，按照以下步骤和方法进行，以保证胎儿的顺利产出和母牛的安全。

1. 助产前准备　根据预产期，应在分娩前7～15天将母牛转入产房。事先应对产房和产床进行清扫消毒。产房要求宽敞、清洁、干燥、阳光充足、通风良好、无贼风、保暖、环境安静。并于分娩2～3天在牛床铺以干燥、卫生的柔软垫草。喂易消化的饲草饲料，如青干草、苜蓿干草和少量精料，饮水要清洁，冬季最好饮温水。

产房内应准备必要的药品和器械，主要包括：肥皂、毛巾、刷子、消毒液、产科绳、镊子、剪子、脸盆、水桶、手电筒、结扎脐带用的丝线、绷带、食油等。

2. 助产方法　当母牛表现出不安等临产症状时，应使产房保持安静，确定专人进行观察。母牛正常分娩时，都能将胎儿顺利产出，不需要做过多的助产工作，但需要仔细观察分娩过程是否正常。

需要进行助产时，一般不要过早地惊动母牛，而是当母牛努责、卧地分娩时再着手进行。助产工作可按以下方法进行。

助产人员要剪齐磨光指甲，用适温的1%来苏儿溶液将母牛的外阴部、尾根、后躯和助产人员手臂清洗消毒。

胎膜小泡露出后 10～20 分钟，母牛多已卧下，应帮助其向左侧卧，以免胎儿受瘤胃压迫而难以产出。正常分娩是胎儿两前脚夹着头先出来，这属于正常胎位，一般以自然产出为主，如胎儿蹄、嘴、头大部分已经露出阴门仍未破水时，可用手指轻轻撕破羊膜。

如破水时间长或胎儿露出时间较长而母牛努责微弱，则要抓住胎儿两前肢，并用力拉出胎儿。倒生时更应及早拉出胎儿，以免脐带挤压在骨盆底下使胎儿窒息死亡。胎儿正常产出，一般需 0.5～4 小时。初产牛的胎儿产出过程较长，更应仔细看管。

胎儿头部通过阴门时，要用双手用力护住阴唇，主要是保护上联合会阴部不发生破裂，并帮助胎儿产出。

胎儿头部通过阴门时，助产人员用双手拉着胎儿两前肢，顺着产道方向拖出胎儿。胎儿产出后，先用毛巾擦净胎儿口腔和鼻腔中的黏液，并用 5%～10% 的碘酊消毒脐带断口。若脐带未自然脱断，应在距胎儿腹部 4～5 厘米处结扎剪断或扯断。

如为双胎，第一头降生后应对脐带做两道结扎，从中剪断。若胎儿吸入羊水可倒提后肢，拍打胸部使其吐出，胎儿即可恢复呼吸。母牛会自行舔干胎儿身上的黏液，若母牛无力舔去胎儿周身黏液时，也可人工擦干。

母牛因瘦弱而努责无力时，应进行助产。一人用手护着母牛阴门，另有一助手拉着胎儿两前肢。当母牛努责时，要顺着产道方向缓缓地向外拉胎儿，母牛努责停止时，应立即停止牵拉，母牛再次努责时再拉胎儿，直至将胎儿产出。

牵拉时用力不要过猛，以防止发生阴道和子宫脱出。如矫正胎儿异常部位时，必须将胎儿推回子宫内进行，推时要在母牛努责间歇期间进行。

当破水过早，产道干燥或狭窄，或胎儿过大时，可向阴道内灌入肥皂水或植物油润滑产道，便于拉出胎儿。

胎衣应在胎儿分娩后 2～8 小时排出，超过 10 小时不排出时，应按胎衣不下处置。即使胎衣已排出，也要检查胎衣是否完整，如子宫里有残留部分，应及时处置。

并及时取走胎衣，防止被母牛吃掉，引起消化机能紊乱。此后母牛还会时时从阴道排出恶露，这是正常的生理现象，一般 15～17 天就可停止排出，阴部开始干净，并恢复正常。由于子宫本身具有自身清洗能力，所以产后一段时间只需用来苏儿等消毒液擦洗外阴部。

(四) 产后护理

1. *产后母牛的护理*　分娩后应及时驱使母牛站起，用温水清洗乳房、后躯和牛尾，清除粪便和被污染的垫草，铺上新垫草，对母牛后躯和牛床进行消毒，保持干净与卫生，以防止生殖器官感染疾病。注意观察母牛胎衣脱落情况，对胎衣脱落不完整或分娩后 10 小时胎衣不下者，应及时请兽医处理。

母牛产后全身虚弱、疲劳和口渴，这时可给 15～20 千克温热的麦麸水（麦麸 1 千克，盐 50～100 克），以补充分娩时体内水分的消耗和促进体力的恢复。产后哺乳前用温水洗擦乳房，并帮助犊牛吸吮乳汁。分娩母牛因乳房肿胀，应加强乳房的热敷和按摩。分娩后喂给质量好、容易消化的饲料，量不要太多，一般经 5～10 天可逐渐恢复正常饲养。母牛分娩后要注意观察恶露排出情况，并于产后 15～25 天进行子宫和卵巢检查，掌握子宫复原和卵巢的状态，发现疾病及时治疗。

2. *新生犊牛的护理*　犊牛出生后的最初几天，因生活环境的突然改变及各组织器官的机能发育不完全，适应力弱、抵抗力低，易受各种病菌的侵袭而生病，死亡率高，因此必须加强护理。

犊牛产出后，一是要防止窒息，清除口腔和呼吸道内的黏液。二是注意保暖，冬季和早春产犊，应让母牛舔干犊牛体表，并转到温室饲养。三是及时哺乳，产后吃乳越早越好，犊牛产后0.5～1小时自然哺乳。对于不挤奶的母牛，在小牛吮乳前，先洗净乳头，并把每个乳头中的奶挤出一些弃掉，然后让犊牛吮乳；对用于挤奶的母牛（乳肉兼用），新生犊牛必须人工喂乳，一般日喂3次，日喂量为犊牛体重的8%～10%。所用喂乳器具必须符合卫生要求，初乳哺喂时的温度应保持在38℃。

第四节 提高母牛繁殖力的技术

提高母牛繁殖力是获得更多畜产品的基础。对肉牛来说只有多产犊才能多产肉。产犊减少或产犊间隔延长都会减少牛肉产量和增加成本。

一、影响母牛繁殖力的因素

（一）营养因素

饲料能量不足，不但影响幼龄母牛的正常生长发育，而且推迟性成熟和适配年龄。对于成年母牛，则会造成不发情、发情不规律、排卵率低等；对于妊娠母牛，极易造成流产、死胎、难产或弱犊等。但饲料能量过高，易造成母牛过肥，不仅有碍受胎，受胎后也易造成难产。如果饲料中蛋白质缺乏，不仅影响牛的发情、受胎和妊娠，还会导致体重下降、食欲减退、粗纤维消化率降低，直接影响母牛的健康与繁殖。

（二）饲养管理

饲养管理工作，主要包括调整牛群结构，有计划地安排生产，

调查母牛发情、妊娠与产犊情况，对空怀、流产、难产母牛的检查与治疗，组织配种，以及保胎育工，也包括放牧、饲喂、运动、调教、休息、卫生防疫等一系列措施。管理环节繁杂，一有疏漏或失误，均会造成群体繁殖力的降低。

（三）冻精质量与输精时机

精液品质不佳不仅影响母牛的受胎率，而且易造成母牛生殖疾患。输精技术不佳是繁殖率低的一个很重要因素。对发情母牛输精时安排不当，或对母牛早期妊娠诊断不及时、不准确，而失去复配机会或误配而导致流产等，都会导致母牛受胎率的降低。

（四）疾病

生殖道本身的疾病，直接破坏正常繁殖机能，如卵巢疾患导致不能产卵或产卵不正常；生殖道炎症直接影响精子与卵子的结合，及不能正常着床等。其他非传染性疾病，如心脏病、肾病、消化道疾病、呼吸道疾病，以及体质虚弱等都可以导致母牛不发情、发情不明显、发情不规律、不妊娠、流产、死胎及畸胎等。

二、提高母牛繁殖力的措施

提高肉牛繁殖力的措施主要从加强营养和饲养管理，提高繁殖技术和治疗繁殖疾病等方面人手，采取各种有效的措施，才能最大限度地发挥肉牛的繁殖潜力。

（一）加强母牛的饲养管理，保证正常繁殖机能

加强母牛饲养管理，特别是在配种季节使母牛具有适宜的膘情，是保证母牛正常发情和排卵的基础。繁殖母牛在饲养上采取以下措施：一是对妊娠后期、哺乳期母牛进行合理补饲以增加母牛营养；二是对放牧饲养的母牛要保证放牧时间，采取放牧和补饲精料相结合的饲养方式；三是对瘦弱的母牛进行增膘复壮。通过以上措施给母牛正常发情、排卵、受精、妊娠、胎儿发育、分娩和犊牛哺乳创造有利条件。

（二）提高母牛繁殖工作的技术水平

第一，准确的发情鉴定和适时准确输精，若精子和卵子均正常，则影响繁殖力的主要因素是输精时间和输精部位。要做到适时输精，就必须对母牛进行准确的发情鉴定。在母牛发情鉴定方面，技术员、饲养员和放牧员要互相配合，注意观察，及时发现发情母牛。对发情母牛，要根据其外部表现，结合直肠检查卵泡发育情况，确定输精时间和次数，做到适时输精。

第二，监测产后母牛繁殖疾病，做到适时配种母牛分娩后要注意观察胎衣脱落和恶露排出情况，对胎衣停滞母牛应及时处理。于产后 15～25 天，对母牛的子宫和卵巢进行检查，掌握子宫复原情况和卵巢的状态，发现疾病及时治疗。对产后 40～60 天不发情的母牛或发情不正常者，进行健康检查及生殖器官检查，看其卵巢上

有无卵泡发育，防止漏配或因病不孕。对产后母牛 40～60 天正常发情的母牛适时配种。

第三，增强无菌观念，预防生殖道疾病的传播在对母牛进行接产，阴道、子宫检查和人工输精等操作时，要严格消毒，慎重操作，以防止生殖道感染和损伤。对已发生疾病的母牛要及时治疗，使其尽早恢复繁殖机能。

第四，做好母牛保胎工作，减少胚胎死亡。流产牛胚胎死亡多发生于妊娠早期，为防止胚胎早期死亡，适当改善母牛的营养水平和饲养管理条件，并在配种后 7～10 天注射 30 毫克黄体酮，对减少胚胎早期死亡有一定效果。对妊娠母牛的管理中要注意冬季不能饮冰水，夏季预防高温中暑，预防拥挤、滑跌、互相格斗，做好保胎，防止流产。

第五，做好早期妊娠诊断工作认真鉴别母牛的假发情，识别暗发情，防止漏配和错配。

第六章

牛的饲养管理技术

第一节 不同阶段肉牛的饲养管理

一、犊牛的饲养管理

犊牛是指生后至断奶的小牛，按其生理特点分为初生期和哺乳期。犊牛的哺乳期一般为3~6个月。哺乳期的犊牛处在快速的生长发育阶段，饲养管理得当，对充分挖掘其肉用潜力具有重要作用。

（一）犊牛的生理特点

1. *瘤胃的发育*　犊牛出生时，瘤胃的体积很小，瘤网胃的体积仅占4个胃体积的30%，而10~12周龄时占67%，4月龄时占80%，18月龄时占85%。犊牛生后3周内无反刍现象，这一阶段的消化功能与单胃哺乳动物相似，吸食的乳汁及水通过食管沟直接进入皱胃，主要靠皱胃进行消化。

2. *消化酶的分泌*　初生犊牛胃肠内含有大量的乳糖酶，唾液和胰液中还存在脂肪消化酶，随着日龄的增加，乳糖酶的活性逐渐降低，而淀粉酶、麦芽糖酶活性逐渐增强。4周龄前犊牛胃中均能产生凝乳酶，但不是所有犊牛都能产生胃蛋白酶，在6~8周龄时所有犊牛均能分泌胃蛋白酶，并随年龄的增加，非乳蛋白质的消化率明显提高。犊牛在出现反刍前自身不能合成亚油酸、花生四烯酸等不饱和脂肪酸及 B 族维生素和维生素 K。

（二）初生犊牛的护理

犊牛生后 7～10 天为初生期。这一时期饲养管理的重点是促进机体防御机制的发育，预防疾病。

1. 接生时的护理　犊牛出生时首先应及时清除口腔和鼻孔内的黏液，以防黏液误入呼吸道引起犊牛窒息，如发现黏液已被吸入时，可倒提犊牛并拍击胸部两侧使黏液流出，接着用干草或锯末擦净犊牛躯体上的黏液，天气不是太冷时可允许母牛舔食犊牛身上的黏液，有助于母牛胎衣的排出。

正常生产时，犊牛的脐带会自然地扯断，未扯断时，可用手将脐带中的血捋向犊牛，在距犊牛腹部 10～12 厘米处结扎，并用无菌剪刀剪断脐带，然后将脐带断端连同结扎线浸入碘酊 1 分钟，以防发生脐炎。对初生犊牛应勤观察呼吸及行为，有问题时应及时护救。

2. 哺喂初乳

（1）初乳的特性　母牛分娩后 5～7 天内所产初乳具有很多特殊的生物学特性，如含有溶菌酶和免疫球蛋白，可以抑制或杀灭多种病原体，减少犊牛腹泻等疾病的发生，增加犊牛对疾病的抵抗力；初乳与常乳相比，酸度较高，能增加胃内酸度，抑制或杀灭胃内细菌；初乳可被覆胃肠壁，保护黏膜，防止细菌侵入血液，减少疾病的发生；初乳进入胃中能刺激胃分泌大量的消化酶，促进胃肠功能尽早健全；初乳中因含有较多镁盐而具轻泻作用，促使胎粪顺利排泄；初乳中含有常乳不能比拟的营养物质，如蛋白质、矿物质、脂肪、乳糖、维生素 A 与胡萝卜素等，能满足犊牛初生期迅速发育的营养需要。

（2）初乳的饲喂　犊牛出生后应尽早哺喂初乳，因为犊牛出生时，初乳中的免疫球蛋白（抗体）等大分子蛋白质可以通过犊牛肠壁进入血液，2～3 小时后，肠道下段的通透性降低，大的蛋白质分子无法通过肠壁进入血液，出生 24 小时后，抗体吸收几乎停止，所以犊牛出生后 2 小时内必须吃到初乳，而且愈早愈好。

肉用犊牛一般采用保姆牛哺育法。即犊牛出生后一直跟随母牛生活，可随时哺乳，乳汁无污染且温度适宜，减少肠道疾病的发生，利于犊牛的健康成长，且易于管理，节省劳力。为了充分利用母牛的泌乳潜力，节省母牛的饲养费用，特别是饲养肉乳兼用牛的场家，1 头产犊母牛可以同时哺育 2～3 头犊牛，或者将一批同时出生的犊牛带满一个哺乳期后，再带一批犊牛。

如犊牛得不到初乳，需要用奶粉或常乳饲喂犊牛时，应添加维生素 A、维生素 D、维生素 E 和少许抗生素。通常第一天饲喂健康犊牛的量应为其体重的 1/8～1/6，分 3 次饲喂，以后每天可增加 0.5～1.0 千克。第一次饲喂不可喂量过大。

（三）犊牛的饲养

1. 犊牛的开食　为了促进犊牛胃肠和消化腺的发育，以适应粗饲料，利于后期的生长发育和生产性能的发挥，需要尽早让犊牛采食牧草及其他饲料。一般情况下，犊牛出生 7～10 天开始训练采食干草，在牛槽或草架上放置优质干草，任其自由采食及咀嚼。在出生后 15～20 天或更早开始训练其采食混合精料。待犊牛适应一段时间干料后，再饲喂糖化后的干湿料，应该注意的是，糖化料不能酸败。

犊牛在满月或 40～50 日龄后可逐渐减少哺乳量，增加饲料量，除干湿料外，可增加多汁饲料（如胡萝卜、甜菜、南瓜等）、青贮饲料等。多汁饲料自20日龄饲喂，最初每天200～250克，到2月龄时每天可喂到1.0～1.5千克；青贮饲料自30日龄饲喂，最初每天100～150克，3月龄时可增至1.5～2.0千克，4月龄时可喂4～5千克。犊牛的饲料更换不能突然，更换饲料的时间一般以4～5天完成为宜，更换比例不能超过10%；1周龄的犊牛要诱导饮水，最初用加有奶的温水（36～37℃），10～15天后可逐步改为常温水（水温不低于15℃）。犊牛舍要有饮水池，贮满清水，任其自由饮用。

2. 犊牛的断奶　犊牛的断奶时期要根据犊牛的体况和补饲情况而定，且应循序渐进。当犊牛达到3～6月龄，日采食0.5～0.75千克的犊牛料，且能有效反刍时即可实施断奶。体弱者可适当延长哺乳时间，同时训练多食料。预定断奶前15天要逐渐增加饲料喂量并将犊牛料逐渐换为混合料加优质干草；减少哺乳量和次数，改每天3次哺乳为2次哺乳，再改2次为1次，然后隔天1次。当母子互相呼叫时，有必要将犊牛舍饲或拴饲，断绝接触。断乳时要备1∶1的掺水牛奶，使犊牛饮水量增加，以后可逐渐减少奶的掺入量，直至常温清水。有时可对犊牛实施早期断奶（方法见“种公牛的饲养管理”）。

（四）犊牛的管理

1. 称重与编号　犊牛的称重应在生后第一次哺乳前和清晨饲喂前进行。第一次称重的同时给犊牛编号。称重与编号在有育种任务的场中尤为重要。在编号记录时一并记入犊牛的亲本，存档。号码应用耳标的方式固定，以便观看。

2. 去角　为方便肥育管理，减少牛体相互受到创伤，在生后7～10天应为犊牛去角。常用的方法有：

3. 运动　除特殊生产（如犊牛白肉生产）外，犊牛应该有足够的运动。运动对促进血液循环、改善心肺功能、增加胃肠运动、增强代谢都具良好的作用。出生后7～10天的犊牛都可进入运动场活动，1月龄前每日半小时，以后可每日两次，每次1.0～1.5小时。夏天应避免曝晒。

4. 防疫、驱虫和检疫　所有犊牛都要进行魏氏梭菌病、巴氏杆菌病的防疫接种，最佳接种时间为2月龄前。对种牛、基础母牛群还要进行传染性鼻气管炎疫苗（断奶前3周）、口蹄疫疫苗（4月龄首次免疫，20天后加强免疫，以后每半年一次）、伪狂犬病疫苗（2～4月龄首次免疫）等的免疫接种工作。犊牛的驱虫工作也是很重要的。定期对牛群进行流行性疫病的检疫工作，可为疫病扑灭或牛场疫病控制提供保障，如布鲁氏菌病、结核病的检疫等。

5. 去势　一般在公犊性成熟前（4～8月龄）进行去势。方法有手术法、去势钳钳夹法、扎结法、提睾去势法、注射法等，应用较多的为去势钳钳夹法和扎结法。

二、育成牛的饲养管理

育成牛一般指断奶后到性成熟配种前的牛，也即断奶后到6～18月龄的牛，通常分为两个阶段。其生理特点是：断奶至12月龄为第一阶段，体躯向高、长急剧生长，性器官及第二性征发育很快，7～8 月龄以骨的发育为中心，内脏发育也很快，消化器官处于强烈的生长发育阶段，前胃容量扩大约 1 倍，接近成年水平，已相当发达，具有了消化大量青粗饲料的能力，但还是不能满足生长发育的需要；肌肉从 3 月龄至 6 月龄呈直线发育；6～9 月龄，卵巢上出现成熟卵泡，开始有发情表现，因此在饲养上要求供给足够的营养物质，以保证生长发育和促进消化器官生长发育的营养需要；12～18 月龄为第二阶段，体尺增加幅度逐渐减小，消化器官更加扩大，消化能力增强，脂肪沉积开始增加，脂肪沉积的次序是腹腔内脏（胃、肠、网膜、系膜、肾周）、皮下、肌肉块之间，肌肉内脂肪沉积更晚些，约从 16 月龄以后才加速，故成年牛眼肌中的大理石结构明显。

（一）育成牛的管理

1. *分群* 断奶后、性成熟前（不迟于 7 月龄）应将公牛、母牛分群，以防早配，影响生长发育，干扰未去势小公牛的肥育效果。同时还应根据年龄和体格大小将牛分群饲养，以整齐饲养水平，一般要求群内牛只月龄差异不超过 1.5～2 个月，活重差异不超过 25～30 千克。根据生产目的不同，还可将牛分为后备公牛（有育种任务的牛）、后备母牛群（留作本群繁殖用）、肥育牛群（包括母牛、去势公牛、未去势公牛）。

2. *加强运动* 每日都应保持一定时间和强度的运动，尤其是选出的后备牛，每日可驱赶运动 2 次，每次 1 小时。

3. *刷拭* 每日 1～2 次，每次约 5 分钟。

4. *饮水* 每天都应保持足量清洁饮水，任牛只自由饮用，尤其是炎热的夏季。

5. *防寒保暖* 在北方，冬季低温会消耗肉牛很多营养物质来产热，以维持体温。冷水会降低瘤胃温度，如使20升10℃的水在瘤胃里升至39℃（瘤胃内环境温度为38～41℃）所需的热量相当于1.6千克玉米所供热量。低温会造成饲料利用率下降，日增重下降，甚至造成冻伤，因此必须做好这些地区牛舍的保温工作。

6. *防暑降温* 炎热的天气不但影响牛的采食量，热应激增加，而且为散发热量（如出汗等）消耗的营养物质增加，抵抗力下降，造成饲料利用率降低。一般采取的消暑措施有：

（1）*遮阳* 利用凉棚、树荫防止太阳直射。

（2）*喷水* 在运动场一头设有雾化喷头，定时喷雾，让牛主动进入雾区纳凉。

（3）*饮水* 一方面牛散热需要大量水，另一方面，凉的饮水也可降低瘤胃温度，以减少热应激。20升25℃的饮水会使瘤胃内环境温度下降5～10℃，且将这些水的温度升至39℃需要2个多小时。

（4）*改变饲喂方式* 夏季牛的饲喂时间可合理地调到早晚凉爽的时段，并喂一些短的、易消化的饲料，以减少采食时的产热。

另外，在牛舍内安装风扇。

（二）育成牛的饲养

1. *后备母牛的饲养* 从维持体重到不同的增重幅度所需的干物质推荐量：日粮中干物质应为体重的1.4%～3.2%，综合净能为11.8～52.5兆焦，粗蛋白质为236～866克。6～12月龄母牛以优质牧草、干草、青贮料、多汁饲料为主，适当补充混合精料，9月龄开始，粗饲料中可掺入30%～40%的秸秆或谷糠类；13～18月龄，混合饲料占日粮的25%，主要补充能量和蛋白质。

在12月龄以后的日粮中，可用尿素代替20%～25%的可消化粗蛋白质，同时应添加部分无氮浸出物含量高的饲料如块根、块茎类和糖蜜。

在育成牛 15~18 月龄时依体重制定初配计划，对妊娠的母牛应逐渐增加精料的饲喂量及精料占日粮的比例。

2. 肥育母牛、阉牛的饲养　从维持体重到不同的增重幅度日粮中所需干物质推荐量：日粮中干物质应为体重的 1.5%~3.4%，综合净能为 11.8~70.5 兆焦，粗蛋白质为 236~1011 克。

三、繁育期母牛的饲养管理

繁育期母牛饲养管理的好坏直接影响犊牛的质量（初生重、断奶重、断奶成活率）、哺育犊牛的能力、母牛再生产的能力（产犊后返情的时间和再次妊娠的能力）等，因此肉用母牛的饲养管理决定着肉牛场的经济效益。

（一）妊娠母牛的饲养管理

妊娠母牛的营养需要为母牛的维持、生长需要及胎儿生长发育需要的总和。

妊娠母牛的饲养管理必须围绕着保胎防流产来进行。要供给充足的营养，创造适宜的环境条件，保证妊娠母牛的健康，严禁鞭打脚踢等粗暴管理。

1. 妊娠母牛的营养要充足　对于妊娠期母牛的日粮搭配要注意：粗蛋白质、维生素 A 和维生素 E 及钙、磷供给的充足，饲料的特点应清洁新鲜，拒绝变质食物、凉的饲料、酒糟和棉籽饼等。除此之外还要对妊娠母牛怀孕后期的补饲，否则会影响犊牛的初生重和以后的增重。

2. 注意疫病的卫生防治确保健康　妊娠的母牛要做好牛舍、牛床、牛体的清洗、清扫，保持清洁卫生，并定期消毒。最重要的疾病为布氏杆菌病，要严格防疫，防止发生传染病。

3. 妊娠母牛的使役、运动　妊娠母牛使役、运动要注意，不要过急、过快、过于粗暴。在产前1~2个月应停止使役。

4. 注意有效用药　下列一些药物应严禁：麦角碱、催产素、前列腺素等，还要禁用全身麻醉药、烈性腹泻药等。妊娠母牛患病在治疗期间一定要十分小心药物的使用，这样做的目的就是为了防止胎儿有致畸情形的发生。

5. 单独饲养　妊娠母牛是保护的重点对象，在实际的饲养中要同其他牛群分门别类的进行饲养，目的是为了防止造成流产。

6. 小心妊娠母牛的外伤　生产中对妊娠母牛不能鞭打脚踢；路窄、路滑、路不平时不急于驱赶，避免滑倒挤伤和碰伤。这样才会为妊娠母牛的繁殖后代做好充分的准备。

在妊娠的前6个月，胎儿生长较慢，处于器官组织分化阶段，只要日粮营养全面，没有必要额外增加营养。在妊娠的后3个月，胎儿处于增重阶段，这个时期的增重一般占犊牛初生重的70%~80%，需要从母体吸收大量的营养；同时母牛需要在妊娠期增重45~70千克，才能保证产犊后的正常泌乳和再生产。

妊娠期母牛舍应保持清洁、干燥、通风良好。无论放牧或舍饲都要防止挤撞、滑跌、鞭打、猛跑，禁止防疫注射、惊吓等较大的刺激。舍饲牛只应有充足的运动（2~4小时/天），以增强母牛体质、促进胎儿发育、防止难产。另外，还要做好保胎工作。

（二）分娩母牛的饲养管理

母牛分娩至产后4天的一段时间为分娩期。这个阶段的饲养管理对母牛和新生犊牛的健康至关重要。这个时期的母牛要经历从妊娠、分娩到泌乳的生理变化，在饲养管理上具有特殊性，应得到合理的饲养与护理。

1. *分娩前的饲养管理* 临近产期的母牛要停止放牧、使役，预产前7~15天集中移入产房，由熟练工人负责饲养看护。注意观察母牛的采食与乳房变化，做好接产的准备工作。备齐消毒药和急救药品。垫草要柔软、清洁、干燥。

一般在产前7天酌情增加精料，但日饲喂量不能超过体重的1%，这样有助母牛适应产后泌乳和采食的变化，但对过肥或乳房显著水肿的临产母牛则要适当减少精料和多汁饲料的饲喂量，同时要减少食盐和钙的量，钙含量减至日常喂量的1/2~1/3，或把日粮干物质中钙的比例降至0.2%，适当增加麸皮含量，防止母牛产后便秘。

2. *分娩后的护理与饲养* 第一，刚分娩时，应喂给母牛温热、足量的麸皮水（含5%麸皮、0.5%食盐、0.02%碳酸氢钙），如添加2.5%的红糖效果更好。同时饲喂柔软的优质青干草1~2千克。一天后可供给足量青干草，任母牛自由采食，并逐渐补以配合精料；3~4天后转入正常日粮，但精料最多不能超过2千克，精料应富含钙质。

第二，让新生犊牛尽早吸食初乳，热敷和按摩乳房，每天5~10分钟，促进乳房消肿。

（三）哺乳期母牛的饲养管理

哺乳期母牛的主要任务是泌乳。产前30天到产后70天是母牛饲养的关键100天，哺乳期的营养对泌乳（关系到犊牛的断奶重、健康、正常发育）、产后发情、配种受胎都很重要。哺乳期母牛饲料的能量、钙、磷、蛋白质都较其他生理阶段的母牛有不同程度的增加，日产7～10千克乳的500千克母牛需进食干物质9～11千克，可消化养分5.4～6.0千克，净能71～79兆焦，日粮中粗蛋白质含量为10%～11%，并应以优质的青绿多汁饲料为主，且组成多样。哺乳母牛日粮营养缺乏时，会导致犊牛生长受阻，易患腹泻、肺炎、佝偻病，而且如果在这个时段造成生长阻滞，其补偿生长在以后的营养补偿中表现不佳，同时营养缺乏还导致母牛的产后发情异常，受胎率降低。

分娩3个月后，母牛的产奶量逐渐下降，过大的采食量和精料的过量供给会导致母牛过肥，影响发情和受胎，在犊牛的补饲达到一定程度后应逐渐减少母牛精料的喂量，保证蛋白质及微量元素、维生素的供给，并通过加强运动、给足饮水等措施，避免产奶量的急剧下降。

在整个哺乳期要注意母牛乳房卫生和环境卫生，防止乳房污染引起犊牛腹泻和母牛乳腺炎的发生。

（四）空怀母牛的饲养管理

空怀母牛指在正常的适配期（如初配适配期、产后适配期等）内不能受孕的母牛。空怀母牛饲养管理的主要任务是查清不孕的原因，针对性采取措施治疗疾病、平衡营养，以提高受配率、受胎率并降低饲养成本。造成母牛空怀的原因主要有先天性和后天性两方面，先天性原因造成母牛空怀的几率较低，后天性原因主要是疾病和饲养管理，如营养缺乏（包括母牛在犊牛期的营养缺乏）、使役过度、生殖器官疾病、漏配、失配、营养过剩或运动不足引起的肥胖、环境恶化（过寒、过热、空气污染、过度潮湿等）等。一般在疾病得到有效治疗、改善饲养管理条件后能克服空怀。

空怀母牛要求配种前具有中等膘情，不可过肥或过瘦，特别是纯种肉用母牛，过肥的情况常出现。过瘦母牛在配种前的2个月补饲精料，平衡日粮，能提高受胎率。

四、种公牛的饲养管理

种公牛在牛群中具有很重要的作用，对于种公牛的饲养应从犊牛做起，犊公牛的饲养管理是源头，这样就能把公牛的良好基因遗传给后代，目前，在配种方面主要采用人工授精、冷冻精液，这对种公牛对牛群的改良起到关键的作用，因此，预留作种用的公牛的好坏显得更加重要了。

（一）种公牛的饲养技术

1. 犊公牛的早期断奶　早期断奶指生后4～8周内对犊牛实施断奶。由于4～8周龄犊牛的瘤胃发酵精、粗饲料的能力及产生挥发性脂肪酸的组成和比例与成年牛相似，只要日采食犊牛料达1千克以上，上半年出生的约6周、下半年出生的约8周即可实施断奶。虽然早期断奶使犊牛哺乳期缩短，但在早期补食的辅助下，促进了犊牛瘤胃及消化道的发育，减少了消化道疾病的发生率，减轻了泌乳母牛的泌乳负担。

犊牛生后1周可训练采食代乳料，2周开始投入优质干草任其自由采食。代乳料组成：玉米40%、豆饼20%～30%、燕麦5%～10%、鱼粉5%～10%、蜜糖4%、苜蓿草粉3%、油脂5%～10%、维生素和无机盐2%～3%，混匀成粉状或颗粒状，诱导犊牛早开食。同时调教犊牛饮水，供给犊牛充足的清洁饮水，一般犊牛每日需水量为采食干物质量的6～7倍，但哺乳期饮水每日不能超过500～1000毫升，以免加重肾脏负担，并形成垂腹。在犊牛的管理工作中还应保证犊牛有充足的运动和户外活动，以接受阳光照射。环境要清洁、干燥，定时消毒。坚持每日刷拭牛体。

2. 育成公牛的饲养　育成公牛在6～24月龄生长发育强烈，需要品质良好的粗、精饲料以保证较大的增重速度（一般为1.0千克/天以上）和良好的性功能。

维生素A对育成公牛尤为重要，维生素A不足容易引起睾丸上皮细胞角质化，另外，锰、维生素E也是必需的。育成公牛日粮中精、粗饲料比例视粗饲料种类而定，以青草为主时，精、粗料干物质比例为55∶45；以干草为主时，其比例以60∶40为宜。粗饲料应以优质的禾本科、豆科牧草及块根、青贮饲料为主。

3. 成年公牛的饲养　生产中饲养成年公牛的基本要求有以下几方面：

（1）体质健壮　种公牛应具有中上等膘情，腰角明显但不突出，肋骨微露但不外显，精力充沛，具有雄性的威势。

（2）精液品质优良　种公牛的精液品质与其配种能力密切相关，尤其在冷配技术已成熟地应用到生产中的今天，要求种公牛的精液不仅品质优良，而且具有很好的耐冷冻能力，符合制作冷冻精液的要求。评定精液品质的指标有射精量、精子活力、精子密度及冻精解冻后的活力和密度等。

（3）使用年限较长　种公牛一般7月龄具有性表现，10～14月龄达到性成熟。在没有达到性成熟前以及成年种公牛均不可过度使用，而且日粮浓度也应根据使用强度合理配制，确保种公牛的种用寿命，防止健康状况恶化和早衰现象。

种公牛的日粮应是营养全面、种类多样、适口性好、易消化，日青、粗、精、搭配适当。无论粗、精均应是优质的，优质的禾本科和豆科牧草、块根（如胡萝卜）为最佳粗饲料；蛋白质及维生素的生物学价值要高，必要时补充一些必需的亚油酸、花生油酸、亚麻油酸、亚麻油烯酸，这些脂肪酸对雄性激素的形成十分重要。多汁饲料、糟渣类饲料、能量饲料和粗饲料不宜多喂，以防形成“草腹”或过肥。钙对种公牛远不如对泌乳牛那么重要，如有优质的豆科牧草充足供应，则无需再过量补充钙。

种公牛的日粮搭配结构中精料40%左右为宜，多汁饲料和青粗饲料的比例应在60%以下。精料中的蛋白质应以动物蛋白质如鱼粉、血粉和豆饼类，矿物质和维生素也是精料配搭中不可或缺的。

在配种季节到来前的8周应加强营养，特别是动物性蛋白质、矿物质和维生素的供应，因为精子形成到准备射精约需时8周。

（二）种公牛的管理

1. 犊公牛　管理同前所述的犊牛管理，要适时去角、适当运动、保持清洁和定期消毒。在一般犊牛预防接种的基础上还要接种气肿疽疫苗（2～3月龄）、传染性牛鼻气管炎疫苗（断奶前3周）、牛病毒性腹泻疫苗（断奶后2～3周）等。

2. 育成公牛　自断奶之日起即与母亲隔离，单槽饲喂，10～12月龄时应穿鼻环，用皮带拴系，双韁牵引，对烈性公牛还须用勾棒牵引，每天保持上、下午各1.5～2.0小时的运动，并做好刷拭工作。除了日常管理外，还要根据将来的配种需要培养种公牛的生理反应能力，例如：

（1）增强良好记忆力　种公牛对其周围的人、事、环境记忆深刻，可以多年不忘，抵触曾给过它强烈刺激（治病、鞭打）的人。利用这一特性了解牛的脾气，给牛以良好的记忆。让牛熟悉采精的环境，提高其兴奋性，避免给牛恶性刺激，即便是治疗和防疫也应在良好保障和安抚下进行，以防伤人。

（2）正确诱导性反射　种公牛性反射的几个过程反应很快，而且射精时冲力很猛，在练习采精时要正确诱导公牛性反射，且采精动作要规范，以防采精技术不良，使公牛的性格变坏，出现顶人的恶习。

（3）减轻防御反射　公牛的野性很强，这是长期自然选择和进化的结果，当限制其自由、看到陌生人或遇到其他公牛时均表现出强烈的防御性反射，即两目圆睁，两角向前，前蹄刨地，呼吸加速，具有很强的攻击性，一旦公牛脱靼，还会出现追逐运动体的“追捕反射”，因此饲养人员必须固定，建立人牛亲和关系，且饲养人员要胆大、心细，培养公牛良好的习性。

3. 成年种公牛　管理与育成公牛管理基本相似，不过成年种公牛承担配种任务，在日常管理中还需定时按摩和护理睾丸，每次5～10分钟，并保持阴囊卫生。夏季气温过高时还要冷敷睾丸，以改善精液质量。定期检查蹄有无异常，保持蹄壁及蹄叉清洁，为防止蹄壁破裂，可经常涂抹凡士林或无刺激性的油脂，发现蹄病应及时治疗，每年春秋对过度生长的蹄各修整一次并矫正蹄形。

第二节 肉牛肥育综合技术

一、秸秆养牛与补饲原则

在我国农区，农作物秸秆种类繁多、数量庞大，是肉牛生产的最基本饲料，可占肉牛粗饲料的70%～80%。秸秆是一种可再生资源。它主要包括纤维素、半纤维素和木质素。并且含有丰富的氮、磷、钾和其他微量元素，是粮食作物和经济作物生产中的副产物。是肉牛粗料的主要构成。

（一）农作物秸秆的特点

虽然各种农作物秸秆的营养成分差异很大，但均有以下共同特点。

第一，粗蛋白质含量很低，一般为2%～5%。

第二，主要成分是植物的细胞壁（结构性碳水化合物），含可消化成分较少，且不易消化。

第三，矿物质含量很低，且不平衡，受地区和气候影响较大。

（二）秸秆养牛的补饲原则

一般对当地来源广、数量大、廉价的农作物秸秆应先分析其成分，根据饲养标准缺什么补什么，缺多少补多少。

1. 蛋白质的补充　利用动物蛋白（肉骨粉、鱼粉）、植物蛋白（饼、粕类）、非蛋白氮类（如尿素、铵盐类等）等补充。

2. 能量的补充　利用农作物籽实及其副产品，如玉米、高粱、燕麦、大麦等补充，但用量不宜超过日粮干物质的20%，以免降低秸秆的消化率。

3. 维生素、矿物质的补充　优先补充青绿饲料，最好是豆科饲料如苜蓿、紫云英、苕子等；其次是禾本科牧草如黑麦草、冬牧70等；再次是青贮饲料、块根块茎类。必要时按实际需要添加矿物质、微量元素、维生素添加剂。

（三）秸秆的调制

调制秸秆的方法很多，主要有物理法、化学法、生物法等。

1. 物理调制　切短（3厘米）、揉碎，使秸秆变软，但保持一定的物理结构，提高消化液与饲料的接触面。

2. 化学调制　可采用氨化、碱化等方法改变秸秆的营养物质结构，提高营养价值。

3. 生物调制　利用有益的细菌、酵母、酶等发酵秸秆，产生更适于牛消化利用的营养物质。

在生产中往往是将以上各种调制方法综合利用，最大限度地利用现有条件调制最佳的饲料。

二、尿素饲喂技术

牛瘤胃中的细菌具有分解尿素，并能利用其分篇产物——氨和挥发性脂肪酸、酮酸合成菌体蛋白的能力。尿素的含氮量是粗蛋白质的2.6～2.9倍，相当于5～8千克油饼类的含氮量。但是尿素只能提供氮素，要使尿素转化为蛋白质，尚需提供相匹配的碳链、矿物质、维生素等，否则尿素对肉牛没有任何营养价值，而且尿素过量或尿素在瘤胃中快速分解时还会引起中毒。

（一）影响尿素利用效果的因素

1. 日粮的蛋白质水平　日粮中添加尿素的目的是节约蛋白质饲料，降低饲料成本，若日粮中有足够的蛋白质饲料，再向日粮中添加尿素只能增加瘤胃中氮素的浓度，并不能被瘤胃细菌充分利用，造成浪费。日粮干物质粗蛋白质含量低于10%时可以添加尿素。

2. 日粮中能被瘤胃细菌降解碳水化合物的含量　碳水化合物的降解产物挥发性脂肪酸、酮酸是瘤胃细菌利用氨合成菌体蛋白的必需匹配原料，碳水化合物缺乏时，菌体蛋白的合成会受阻，而且碳水化合物的种类对尿素的利用效率也有影响，以淀粉作碳源时，尿素的利用率最低，而以纤维素作碳源时，尿素的利用率可显著提高。

3. 尿素在瘤胃中分解的速度　若尿素的饲喂方法不合理（喂后立即饮水等），或饲料中尿素混合不均匀，让牛一次性食入大量尿素，尿素在瘤胃中的迅速、大量分解，会导致中毒。按精料3%添加的尿素一般2～3小时即可完全分解，若氨的量增加很快，细菌来不及利用，氨即会透过瘤胃壁进入血液，一方面造成尿素的浪费，降低了利用率，另一方面还会因血氨升高而引起中毒。

（二）尿素的用量与饲喂方式

1. 用量　一般情况下尿素氮可占日粮总氮量的20%～30%或占精料的3%。尿素的添加量应根据饲养标准计算，不可随意添加，每头成年牛每日尿素用量不能高于150～180克，或限制在体重0.02%～0.03%的尿素。

2. 饲喂方式　饲喂时要循序渐进，让牛有适应过程，适应期7～10天。每天的喂量要分多次饲喂，同时要补充纤维素、半纤维素、糖蜜等易消化利用的碳水化合物。如果当地饼粕类饲料来源丰富，且价格适中时，可不使用尿素。

为控制肉牛对尿素的进食量或限制尿素在瘤胃内的降解速度，目前已出现了多种尿素产品，如尿素糊化淀粉、尿素舔砖、脲酶抑制剂等。脲酶抑制剂的作用虽不能提高尿素的利用效率，但能减缓尿素的分解，减少氨中毒的机会。另外，还可利用尿素氨化秸秆，既为牛补充了氮素，又提高了秸秆的利用率。

三、瘤胃素饲喂技术

瘤胃素原称莫能菌素，是肉桂链丝菌产生的酸性抗生素，但抗菌力很弱，无治疗价值。瘤胃素的钠盐可调控反刍动物的消化代谢过程，使瘤胃挥发性脂肪酸中丙酸的比例提高，降低乙酸的比例，减少甲烷的产生。其中提高丙酸比例、降低乙酸比例的作用与提高日粮中精料比例的效果相似。乙酸是泌乳牛形成乳脂的主要原料，丙酸会被肉牛有效地转变成能量贮备起来，有利于肉牛增重。减少瘤胃甲烷的产生会对空气质量有很好的保护作用。

瘤胃素不被肉牛的消化道吸收，故不能进入体内代谢，无体内残留问题，对肉牛的胴体质量没有影响。瘤胃素在国外肉牛生产中已被广泛应用。

瘤胃素的饲喂方法：成年肉牛每天100～300毫克纯品瘤胃素。在饲喂初期，肉牛的采食量可能下降约20%，但3～4天后即可恢复正常，这个过程中肉牛的日增重不受影响或略有提高。

第三节 肉牛规模化生产技术

在国外，尤其是欧美，商品肉牛的生产已有100多年的历史，无论牛的品种还是经营方式都是专业化的。而在我国，商品肉牛的生产只有近20年时间，尚未形成大规模的专业化企业，目前是以商品肉牛基地形式组织生产，有待逐步转变思想，改变产业结构，实现畜牧业的区域化、专业化，形成区域性的产、供、销、贸一条龙经营体系。

1. 肉牛基地类型　目前商品肉牛基地有4种类型，即：

（1）肉牛带　包括中原肉牛带、东北肉牛带、西北肉牛带、西南肉牛带。

（2）肉牛区　以地、市为单位的联合体。

（3）肉牛县　以县为单位形成独立的生产体系。

（4）肉牛示范点　县境内具有条件的数个乡（镇）优先建立肉牛生产大联合，以起到示范作用。

2. 商品肉牛生产基地的条件　商品肉牛基地的建设应该充分考虑自然条件和客观条件，只有这些条件具备了，才能形成规模化生产和长期持续稳定发展。这样的自然客观条件有：

第一，草场、饲料资源丰富。

第二，群众有养牛经验，且区域内肉牛数量多（2万头以上），并有一定的改良基础。

第三，肉牛的繁育改良、饲料加工、疫病防治、产品流通等具有一定规模。

第四，具有一支技术力量和较为雄厚的专业技术人员队伍。

3. 商品肉牛基地应达到的标准　第一，改良牛比例达到50%，且年增长速度为3%～5%，产奶改良母牛达改良母牛头数的20%，头均产奶量为1500千克。

第二，适龄繁育母牛受配率和受胎率均在80%以上，商品牛出栏率达到15%，肥育牛产净肉在150千克以上。

一、几种典型的规模化生产经营模式

(一) 肉牛产业链发展模式

该模式由肉牛产品加工业的发展带动相关产业协同发展，使肉牛产业从肉牛饲养开始，通过加工、销售过程中各环节反复增加附加值，形成肉牛产业链。

肉牛产业链发展模式的实施，使肉牛产业化由弱质、低效产业向高利润产业转变；肉牛饲养业同第二、第三产业结合，使属于工业范畴的牛肉、牛皮等加工业和属商业范畴的活牛及肉制品、皮制品的流通业与肉牛业有机结合。

(二) 肉牛小规模大群体发展模式

这种模式适于广大农区。原有条件较好的规模养殖基础，广大农民养牛积极性高，可组织一个或多个肉牛肥育和屠宰企业为龙头，联合农户实行贸工农一体化，产加销一条龙，形成“市场牵龙头，龙头带基地，基地连农户”的经营格局。各生产经营者之间以经济合同为纽带，以保证龙头企业和生产基地的稳定利益关系，形成稳定的利益共享、风险共担的共同体。

这种模式虽然一个投资单元饲养数量少，但以村为单位实行统一规划，统一建场、统一技术服务、统一防疫、统一组织销售，实行集体组织、统一服务、分别投资、自主经营，把集体的优越性和个人的主动性较好地结合起来，既便于先进技术的传播应用，又避免了集资难、风险大、管理费用高等集体办场的弊端，同时便于乡村规划，减少环境污染。

（三）异地肥育模式

是属“两头在外，来料加工”型的肉牛肥育模式。根据自然地域条件，在多粗饲料地区育成架子牛，再输往有先进的饲养管理技术、交通便利的粮食产区进行集中肥育，并进行加工、销售的方式。

异地肥育模式是欧美地区常用的肥育方式，多在一个公司的两个区域完成。目前，我国一些地区的异地肥育模式中肉牛繁育和架子牛生产基地与异地肥育场之间的联系比较松散，虽然对规模化肉牛肥育场和架子牛的数量及质量有较大的促进作用，但受市场供求影响较大，而且地区间运输架子牛增加成本，且不利于防疫，易造成疾病传播。随着基地的建立和完善、经济实力的增强，各公司应着力完善管理，以经营合同为纽带逐步发展成牧工商一体化企业集团，在集团内组织异地肥育，统一管理，以降低成本，减少疾病流行。

综上所述，中国肉牛产业链可以划分为市场交易型产业链组织模式、契约型产业链组织模式、合作型产业链组织模式、纵向一体化产业链组织模式。市场交易型仍然是中国肉牛产业链运行中最主要的组织模式，契约型组织模式逐渐被合作型产业链组织模式取代，纵向一体化产业链组织模式处于起步阶段。

二、牛场经营管理的要点

（一）决策

首先要根据国家的有关政策，结合本地、本场的主、客观条件，确定一定时期内生产发展的方向，然后具体分析市场需求、饲料供应、能源条件、销售渠道、价格及本场的技术实力、资金实力等，制定出近期或远期（5～10 年）奋斗目标及实现该目标所必须采取的重大措施。

（二）计划

以决策中所制定的方向和目标为基础，进行全面、细致的调查，拟订出一定时间（年、季、月）内适当的经营目标以及实施的步骤和计划。

（三）组织

为了实现决策目标和计划，必须在时间和空间上组织和协调好生产的各个环节，进行合理分工，明确各级、各岗位人员的责、权、利，使生产人员与生产资料之间达到最合理的结合，让人、财、物发挥出最大效能。

（四）指挥

各级管理人员根据计划，对下级和个人进行指挥，从而使生产活动中的每一个个体得到统一的调度，及时解决生产中存在的矛盾，使生产紧张有序地进行。

（五）监督

对生产经营过程中人和物的使用，要进行系统的检查和核算。首先应根据劳动定额的完成情况，相应给予恰当的劳动报酬、奖励或惩罚；其次应制定各种物质消耗定额，对生产过程中财力和物力消耗经常进行全面、系统地核算和分析，确保降低消耗、减少成本、提高盈利水平。

（六）调节

处理好生产经营活动中各方面的关系，解决它们之间出现的矛盾和分歧，达到协调一致，实现共同目标。

以上各项职能中，最重要的是决策和指挥。

三、牛场的技术管理

（一）制定牛群周转计划

牛群结构每年都会因购、销、生、死、宰等原因发生变化，称牛群周转。

牛群周转计划是牛场生产中最重要的计划，直接反映年终牛群结构的状况，表明生产任务的完成情况，示意未来牛群的生产水平，是产品计划的基础，又是制定饲料计划、建设计划、劳力计划及资金分配的依据。

通过总结经验，依据市场、生产目标制定和实施合理的牛群周转计划，使牛群结构更趋于合理，投入产出比增加、经济效益提高。

牛群周转方式有全进全出制和流水循环制。

（二）制定牛场饲料计划

要确保养牛场顺利生产，必须确保饲料的保质、足量供应。每个牛场都要制定饲料计划，在编制饲料计划时，要根据牛群周转计划，按全年牛群的年饲养天数乘以各种饲料的日消耗定额，然后把牛群需要各种饲料的总数相加，再增加5%～10%的损耗量，即为全年饲料的总需要量。

第七章 肉牛的防疫与常见病防治

第一节 肉牛场的卫生防疫

在牛场生产中应坚持贯彻“预防为主、防重于治”的方针，防止和消灭肉牛疾病，特别是传染病、代谢病，使肉牛更好地发挥生产性能，提高养牛业的经济效益。

一、传染病和寄生虫病的防疫工作

(一) 日常预防措施

第一，肉牛场应将生产区与生活区分开，生产区门口应设置消毒池和消毒室（内设紫外线灯等消毒设施），消毒池内应常年保持2% ~4%氢氧化钠溶液等消毒药。

第二，严格控制非生产人员进入生产区，必须进入时应更换工作服及鞋帽，经消毒室消毒后才能进入。

第三，不准在生产区解剖尸体，不准养狗、猪及其他畜禽，并定期灭蚊、蝇。

第四，肉牛繁殖场每年春、秋季各进行一次结核病、布鲁氏菌病、肺结核病的检疫。检出阳性或有可疑反应的牛要及时按规定处置。检疫结束后，要及时对牛舍内外及用具等彻底进行一次大消毒。

第五，每年春、秋各进行一次疥癣等体表寄生虫的检查；6～9月份，焦虫病、吸虫病流行区要定期检查并做好灭蜱、螺工作；10月份对牛群进行一次肝片吸虫等的预防驱虫工作；春季对犊牛群进行球虫的普查和驱虫工作。

第六，新引进的牛必须有法定单位的检疫证明书，并严格执行隔离检疫制度，确认健康后方可入群。

第七，饲养人员每年至少应进行一次体格检查，如发现患有危害人、牛的传染病者，应及时调离，以防传染。

（二）发生疫情时的紧急防治措施

第一，应立即组成防疫小组，尽快做出确切诊断，并迅速向有关上级部门报告疫情。

第二，迅速隔离病牛，对危害较重的传染病应及时划区封锁，建立封锁带，出入人员和车辆要严格消毒，同时严格消毒被污染的环境。解除封锁的条件是在最后一头病牛痊愈或屠宰后两个潜伏期内再无新病例出现，经过全面大消毒，报上级主管部门批准。

第三，对病牛及封锁区内的牛只实行合理的综合防治措施，包括疫苗的紧急接种、抗生素疗法、高免血清的特异性疗法、化学疗法、增强体质和生理功能的辅助疗法等。

第四，病死牛尸体要严格按照防疫条例进行处置。

二、代谢病的监控工作

在肉牛繁育场，特别是乳肉兼用牛的繁育场，由于肉牛生产的集约化和高标准饲养及定向选育的原因，提高了肉牛的生产性能和饲养场的经济效益，推动了营养代谢问题的研究，但与此同时，若饲养管理条件和技术稍有疏忽，就不可避免地导致营养代谢疾病的发生，严重影响肉牛的健康，因此必须重视肉牛代谢病的监控工作。具体措施如下：

1. 代谢抽样试验（MPT） 每季度随机抽 30～50 头肉牛血样，测定血中尿氮含量、血钙、血磷、血糖、血红蛋白等一系列生化指标，以检查牛群的代谢状况。

2. 尿 pH 和酮体的测定 产前 1 周至分娩后 2 个月内，隔日测定尿 pH 和酮体一次，对测出阳性或可疑牛只及时治疗，并注意牛群状况。

3. 适时调整日粮配方 定时测定平衡日粮中各种营养物质含量。对消瘦、体弱的肉牛，要及时调整日粮配方，增加营养，以预防相关疾病的发生。

第二节 常见传染病

一、口蹄疫

口蹄疫为偶蹄动物的一种急性、发热性、高度接触性传染病。本病的特征是口腔黏膜、舌、蹄部和乳房皮肤发生水疱和溃烂。本病一旦发生，流行很快，使牛的生产性能降低，在经济上造成很大损失。本病还可感染人，应引起高度重视。口蹄疫目前被列为烈性传染病，一旦发现必须扑杀封锁区内的所有病畜和可疑病畜。

（一）病原

病原为13蹄疫病毒，呈圆形，直径21～25纳米。本病毒易发生变异，目前已知的El蹄疫病毒有A、O、C型、南非1、2、3型和亚洲1型共7个类型，各型中又有很多亚型。各型间抗原性不同，没有交叉免疫性，同型的亚型间有部分交叉免疫性。病毒主要存在于病牛的水疱皮内及淋巴液中，在水疱期发展过程中，病毒进入血液，分布到全身各种组织和体液中，发热期血液中含病毒量最高，退热后乳、粪、尿、口涎、眼泪等中都有一定量的病毒。

病毒对外界环境的抵抗力很强，在土壤中可存活1个月，存干草上可生存104～108天，在牛毛上毒力可保持数周；低温不会使毒力减弱，在冰冻情况下，肉中的病毒可存活30～40天；在5℃下，病毒在50%甘油生理盐水中能保存400～700天。高温和阳光可杀死病毒。60℃经30分钟、120℃经3分钟即可被杀死；乙醇、来苏儿、升汞等消毒药对病毒的杀灭能力微弱；2%福尔马林（甲醛）和2%的苛性钠对该病毒具有较强的杀灭作用。

（二）流行病学

肉牛对口蹄疫病毒具易感性。病牛是本病的传染源，其分泌物、排泄物及畜产品如乳、肉皆含病毒。H蹄疫病毒的传染性很强，一经发生常呈流行性，传播方式既有蔓延式的，也有跳跃式的。

此病的传染方式，有直接感染，如病牛与健康牛接触，受水疱液传播；也有间接传播，即通过各种媒介物，如牛的唾液、粪、尿、乳、呼出的气体等传播。传播途径主要是消化道，也可经黏膜、乳头及受损伤皮肤和呼吸道感染。

肉牛多在冬、春两季发病，一般从11月份开始至翌年2月份停止。育成牛、成年牛发病较多，犊牛发病较少。

（三）症状

潜伏期为2～4天，最长达7天。发病初期，体温升高到40～41℃，精神委顿，食欲降低。1～2天后流涎，涎呈丝状，垂于口角两旁，采食困难。口腔舌面、齿龈处有大小不等的水疱和边缘整齐的粉红色溃疡面。水疱破裂后，体温降至正常。乳头及乳房皮肤上发生水疱，初期清亮，后变混浊，并很快破溃，留下溃烂面，有时感染继发乳腺炎。蹄部水疱多发生于蹄冠和蹄叉间沟的柔软部皮肤上，若被泥土、粪便污染，患部会继发感染、化脓，走路跛行。严重者可引起蹄匣脱落。

本病一般为良性经过。口腔发病，约经1周可痊愈；蹄部病变时，病程较长，可达2～3周；死亡率低，仅为1%～2%。但如果水疱破溃后继发细菌感染，糜烂加深，则病程延长或恶化，也有在恢复期病情突然恶化的病牛，表现为全身虚弱，肌肉颤抖，心跳加快、节律不齐，反刍停止，站立不稳，最后因心肌麻痹而死亡。恶性口蹄疫是由于病毒侵害心肌所致，死亡率高达20%～50%。犊牛发病后死亡率很高，主要表现出血性肠炎和心肌麻痹。

（四）诊断

根据流行季节和牛的口腔、蹄、乳房皮肤上的特征性病变，及口蹄疫病毒的多型性，可作出初步诊断，但应与牛瘟、传染性口炎相区别。

1. 与牛瘟的区别　牛瘟只感染牛，无水疱发生，溃疡面不规则，乳头、蹄部无病变；牛瘟还伴发胃肠炎，腹泻。口蹄疫水疱和溃疡在牛乳房、口腔、蹄部均有发生，溃烂面较规则，边缘平整，易愈合。

2. 与传染性口炎的区别　传染性口炎，除牛、猪外，马、驴等单蹄兽也能感染，流行范围小，发病率低，必要时可进行动物实验加以区别。

(五) 治疗

本病目前尚无特效疗法。发生口蹄疫时应严格隔离，加强护理，给予优质的饲料（如玉米粥、麸皮粥等），搞好环境卫生，对症治疗，防止继发感染。

1. 对口腔的处理　常用0.1%高锰酸钾或1%明矾或2%醋酸溶液冲洗口腔，每天2～3次。冲洗后可涂抹下列药物之一：3%紫药水、碘甘油、冰硼散、青黛散。

2. 对蹄部的处理　先用10%硫酸铜溶液或3%来苏儿水彻底洗净患蹄，然后涂10%碘酊或松馏油。如果病变严重，可打蹄绷带，每隔2天处理1次。

蹄部药浴：制作长1.5～2米、宽1～1.5米、高20～25厘米的暂时浴池，内盛1%福尔马林（甲醛）液或10%硫酸铜，每天使病牛通过浴池1～2次，连续5～6天。

3. 对乳房的处理　用0.1%高锰酸钾液或1%～2%来苏儿水或0.1%新洁尔灭液，清洗患部乳区，待挤完乳后，可涂抹10%磺胺膏或抗生素软膏或3%紫药水。

对体温升高、食欲废绝的病牛，为防止其继发感染，可用抗生素、磺胺类等药物治疗。

高免疫血清有较好的疗效。病情严重、紧急时，可考虑使用痊愈牛血或血清，但使用前应作安全试验。

(六) 预防

1. 及时上报并隔离　发生口蹄疫的牛场，首先将疫情及时上报有关单位，同时采取紧急措施。

(1) 隔离病牛　对牛场内所有的牛要及时细致地检查，将病畜尽早从牛群中挑出，集中在一僻静地方隔离饲养，严禁与健康牛群接触。

(2) 封锁病牛场　病牛场内的饲养员、车辆及一切用具都应固定，不得出场。严禁外来人员与车辆入场。

(3) 严格消毒

①食槽每天都要用清水洗刷，每隔3～4天消毒1次；运动场、牛舍内地面应每隔5～7天用2%氢氧化钠消毒1次，污水及消毒液应集中处理。

②牛场大门及交通要道要有专人看管，并设消毒池，必须对出入的人员或车辆进行消毒池消毒。各牛舍门口也要设消毒池。场内的工作人员不能随意走动，上下班时要洗手，并用1%来苏儿水消毒，上下班服装要严格控制，不能混穿，上班服装还要作必要的消毒。

③病牛所产乳均应用消毒剂充分消毒后废弃。病牛场内其他牛所产的乳应集中作高温处理。

2. 未发病的牛场　坚持严格的消毒和防疫制度，严禁与病牛场的人、物、牛接触，并定期注射口蹄疫苗。

二、布鲁氏菌病

布鲁氏菌病为人、畜共患的一种接触性传染病。主要危害生殖器官，引起子宫、胎膜、睾丸的炎症，还可引起关节炎。特征是流产、不孕和多种组织的局部病灶。牛、羊、猪较常发。

（一）病原

病原是布鲁氏菌。微小，近似球状，形态不甚规则，不形成芽孢，无荚膜，革兰氏染色阴性。为需氧兼厌氧菌，组织细胞内寄生。对热抵抗力不强，60℃湿热经15分钟可被杀死。对干燥环境抵抗力较强，在尘埃中可存活2个月，在皮毛中可存活5个月。本病菌侵袭力和扩散力很强，不仅能从损伤的黏膜、皮肤侵入机体，还能从正常的皮肤、黏膜侵入机体。不产生外毒素，其致病物是内毒素。普通消毒剂如1%～3%石炭酸（苯酚）、2%福尔马林（甲醛）、0.1%升汞、5%石灰水都可杀死该病菌。

布鲁氏菌主要有羊型、牛型、猪型3种，每型又有多种亚型。近几年新发现的还有绵羊布鲁氏菌、沙林鼠布鲁氏菌和犬布鲁氏菌等。

（二）流行病学

牛型布鲁氏菌主要侵害牛，病牛是主要传染源。病菌主要存在于病牛的阴道分泌物、流产的胎儿、胎水、胎膜、乳汁、粪尿及公牛的精液中。其传播途径：一是直接接触传染，通过交媾、创伤皮肤和结膜感染；二是消化道传染，即健康牛采食了被病原菌污染的饲料和饮水，经消化道感染。此外，吸血昆虫也可传播本病。初产母牛对此病敏感，病牛流产1～2次后，很少再发生流产，有自然康复和产生免疫的现象。

本病发病无季节性，饲养管理不当、营养不良、防疫注射消毒不严格等皆可促使本病的流行。本病多呈地方流行性。

（三）症状

潜伏期2周至6个月。布鲁氏菌首先侵害侵入门户附近的淋巴结，继而随淋巴液和血液散布到妊娠子宫、乳房、关节囊等，引起体温升高，发生关节炎、乳腺炎、妊娠母牛流产，导致胎衣不下、子宫内膜炎等症状，致使母牛不易受孕。流产胎衣呈黄色胶冻样浸润，有些部位覆有纤维蛋白絮片和脓液，有些部位增厚，夹杂有出血点，胎儿皱胃有淡黄色或白色黏液絮状物。

流产多发生于妊娠后5~8个月，流产胎儿可能是死胎或弱犊。公牛的睾丸和附睾发炎、坏死或化脓，阴囊出血、坏死，慢性病牛结缔组织增生，睾丸与周围组织粘连。母牛乳房实质、间质细胞浸润、增生。

（四）诊断

临诊症状不典型，不易确诊。怀孕牛流产的原因较多，有时布鲁氏菌可以引起流产，也有感染布鲁氏菌的牛不表现流产的，因此，孕牛流产时应对其胎儿、胎膜进行细菌学分离和病原鉴定，万不可疏忽大意。病料可取流产胎儿的皱胃及其内容物、肺、肝及脾脏，送有关单位化验。目前，广泛采用血清凝集反应及补体结合试验进行布鲁氏菌病的诊断。

（五）治疗

本病目前还没有特效治疗药物，只能对症治疗。流产后继发子宫内膜炎的或胎衣不下经剥离的病牛，可用0.1%高锰酸钾液、0.02%呋喃西林溶液等冲洗阴道，子宫内放置金霉素或土霉素。严重病例可用金霉素、链霉素等抗菌药物全身治疗。

（六）防治

1. 健康牛群

（1）加强饲养管理　日粮营养要均衡，矿物质、维生素的供应要充足，以增强孕牛体质。

（2）严格消毒　产房、饲槽及其他用具用10%石灰乳或5%来苏儿溶液消毒。孕牛分娩前用1%来苏儿洗净后躯和外阴，人工助产器械、操作人员手臂都要用1%来苏儿清洗消毒。褥草、胎衣要集中到指定地点发酵处理。

（3）隔离疑似牛　有流产症状的母牛应隔离，并取其胎儿的皱胃内容物作细菌鉴定。呈阴性反应的牛可回原棚饲养；扑杀阳性牛，同时整个牛场进行一次大消毒。

（4）定期检疫　每年应分别在春、秋各进行一次检疫，注射过流产19号疫苗的牛场，应用血清抗体检疫困难，可作补体结合试验，以最后判定是否患本病。

（5）定期预防注射　犊牛6月龄时注射流产19号疫苗。注射前要做血检，阴性者可注射。注射后1个月检查抗体，凡血检阴性或疑似者，再做第二次注射，直到抗体反应阳性为止。目前在我国有些地区已经净化了此病，形成无布鲁氏菌病区域，这些地域只进行疫情监测，不注射疫苗。

2. 病牛群　要定期检疫、扑杀病牛、控制传染源、切断传播途径，同时要加强饲养管理，保持良好的卫生环境，做好消毒工作，培养健康牛群。约经2年时间，牛群无阳性反应牛出现，标准是2次血清凝集反应和2次补体结合试验全为阴性，且分娩正常。

病牛所生的犊牛，出生后立即与母牛分开，人工饲喂初乳3天后，转入中途站内用消毒乳饲喂。在5～9月龄内，进行2次血清凝集反应检疫，阴性反应牛注射流产19号疫苗后可直接归入健康牛群。

直接参与牧畜生产及畜产品加工的人员及实验室工作人员应做好自身防护，应注意饮食卫生和习惯，在疫区还可接种疫苗。

三、炭疽

炭疽为各种家畜共患的一种急性、热性、败血性传染病。特征是病牛的皮下和浆膜下组织呈出血性浆液浸润，血凝不全，脾脏肿大，常呈最急性和急性经过。本病可传染给人。

（一）病原

病原是炭疽杆菌。菌体长、直，呈竹节状。人工培养的菌体呈长链状，在病畜血液及组织中呈单个或短链，能产生荚膜。

在有氧条件下形成芽孢，芽孢位于菌体中央，或稍偏一端，具有很强的抵抗力。在病畜体内未与空气接触的细菌不会产生芽孢，故凡患炭疽病的尸体，严禁剖检，以防止菌体形成芽孢后污染环境。

它在外界环境分布很广，发生本病的地区，其土壤中分布较多。它的繁殖体抵抗力不强，60℃经 15 分钟即被杀死。

但当形成芽孢后，抵抗力则增强，如在干燥环境中可生存 10 年，在粪便和水中也可长期存活。温热的 10% 福尔马林（甲醛）、含 0.5% 盐酸的 0.1% 升汞和 5% 氢氧化钠可将芽孢杀死，石炭酸（苯酚）及来苏儿对它作用甚微。

（二）流行病学

病牛是本病的主要传染源，濒死病牛及其分泌物、排泄物中含有大量的病菌。尸体处理不当，形成大量芽孢会污染环境、土壤、水源，成为永久的疫源地。

本病主要经消化道感染，另外还能经呼吸道、皮肤、伤口及吸血昆虫感染。

（三）症状

潜伏期为1～5天。

1. 最急性型　发病急剧，无典型症状而突然死亡，全身肌肉震颤，步态蹒跚，可视黏膜发绀，呼吸困难，大声鸣叫而死亡。濒死期天然孔出血、血凝不全。病程数分钟至数小时。

2. 急性型　体温急剧升高到41～42℃，心跳每分钟100次以上，反刍停止，食欲废绝，伴发瘤胃鼓胀，泌乳停止。病初兴奋不安，惊恐，鸣叫，横冲直撞，后期精神沉郁，呼吸困难，步态不稳，可视黏膜发绀，并有针尖到米粒大小的出血点。有的病牛先便秘后腹泻，便中带血。病程1～2天。濒死期全身战栗，呈痉挛状，体温下降，呼吸极度困难。孕牛流产，颈、胸部水肿。

3. 亚急性型　症状与急性型相似，但病程较长，为2～5天，且病情较缓和。在体表各部，如喉头、颈部、胸前、腹下、肩胛、乳房等皮肤以及直肠、口腔黏膜等形成炭疽病，病初硬固，有热痛，后热痛消失，发生坏死，有时可形成溃疡或出血。

（四）诊断

最急性和急性病例，临诊上无特殊症状，不易确诊，必须结合流行病学分析和血液细菌学检查。疑似炭疽病的病例严禁剖检，采样要严格，可取耳静脉血；局部有水肿的病例，可抽取水肿液，检查后要彻底消毒。

用上述病料抹片，瑞氏或姬姆萨染色后镜检，如发现典型的、具有荚膜的炭疽杆菌即可确诊。

沉淀试验（又称阿斯柯里氏反应）操作方法：将待检的组织用6～8倍的生理盐水稀释数克，煮沸15～20分钟，用滤纸过滤，取其清亮液少许缓缓倒于特制的沉淀血清上，使成两层，如在两层之间形成乳白色云雾状环带即为阳性，可确诊。

诊断本病时，还要注意与牛巴氏杆菌病及气肿疽等区别。

（五）治疗

1. 血清疗法　抗炭疽血清是治疗炭疽病的特效药，静脉注射，每次100～300毫升；或静脉与皮下注射相结合。重病牛可在第二天再注射1次，病初使用可获得良好效果。

2. 药物疗法　常用的有磺胺类、青霉素、土霉素、链霉素、先锋霉素、头孢类抗生素等，与高免血清同时并用，效果更好。

处方一：青霉素250万单位、链霉素3～4克，肌内注射，每天2次，直至痊愈。

处方二：土霉素2～3克，以1000毫升生理盐水稀释，静脉注射，每日1次，直至痊愈。

处方三：静脉注射10%磺胺噻唑钠150～200毫升或内服磺胺二甲基嘧啶，按每千克体重0.2克。

颈、胸、外阴部水肿时，可在肿胀部周围分点注射抗炭疽血清或抗生素。

（六）防治

1. 发病牛场

（1）及时发现，加强管理　发生炭疽时应立即上报有关部门，封锁发病场所，并对全群牛只逐头测温。凡体温升高、食欲废绝、泌乳量下降的牛，必须隔离饲养。与病牛同舍饲养或有所接触的牛，应先注射抗炭疽血清，8～12天之后再注射2号炭疽芽孢苗。

（2）消毒　牛棚、运动场、食槽及一切用具用含熟石灰水的5%氢氧化钠液消毒。

（3）严禁剖检尸体　病死牛及其排泄物、被污染的褥草及残存饲料等，应集中焚烧或深埋，深埋时不浅于2米，尸体底部与表面应撒上厚层生石灰。

（4）人员管理　严禁非工作人员出入封锁区，工作人员必须穿戴手套、胶靴和工作服，用后严格消毒，外露部分有伤的人员不得接触病牛及其污染物。

（5）封锁解除　当最后1头病牛痊愈或死亡后14天，再无新的病例出现时，方可解除封锁。

2. 未发病牛场　每年定期预防注射1次，一般在春季或秋季进行。疫苗有以下几种：

（1）炭疽2号芽孢苗　所有牛全部注射，每头皮下注射1毫升。注射后14天产生免疫力，免疫期为1年。

（2）无毒炭疽芽孢苗　1岁以上牛，皮下注射1毫升，1岁以下，皮下注射0.5毫升。注射前应对牛只作临诊检查，凡瘦弱、体温高的牛只、年龄不足1月龄的犊牛、产前2月内的母牛均不应注射疫苗。

（七）公共卫生

饲养、兽医、屠宰、毛皮加工人员应做好卫生防护工作。严禁食用病死牛肉。

四、牛巴氏杆菌病

牛巴氏杆菌病是一种急性、热性、全身性传染病。特征是发病突然、肺炎、急性胃肠炎和内脏的广泛性出血。

（一）病原

病原是巴氏杆菌。为球状小杆菌，独立或偶尔成对存在，在人工培养基上呈多形性。革兰氏染色阴性，呈两极着色。不形成芽孢，无鞭毛，不运动，在急性败血症的病例中，细菌有荚膜，可产生内、外毒素。溶血性巴氏杆菌细胞壁来源的内毒素可协助致活补体和凝血过程。它的抵抗力不强，60℃经10分钟即死亡；在干燥、直射阳光下迅速死亡；1%石炭酸（苯酚）、1%漂白粉、5%石灰乳的杀菌效果良好。

（二）流行病学

多杀性巴氏杆菌为牛（成牛和犊牛）上呼吸道的常在菌，牛扁桃体带菌率为45%，一般不呈现致病作用。溶血性巴氏杆菌不易从正常牛的上呼吸道分离出来，有时以非致病性的血清Ⅱ型存在于上呼吸道。在应激因素（如牛舍通风不良、运输、拥挤等）导致呼吸道防御功能受损、机体抵抗力下降时，多杀性巴氏杆菌和非致病性的溶血性巴氏杆菌血清Ⅱ型有机会在下呼吸道大量繁殖或由血清Ⅱ型转变为具有较强毒力的血清Ⅰ型。多杀性巴氏杆菌常可与昏睡嗜血杆菌、支原体和呼吸道病毒混合感染，而溶血性巴氏杆菌通常是原发病原菌，如因饲料品质低劣、营养不足、矿物质缺乏、牛舍拥挤、卫生条件差、气候突变、闷热、寒冷、阴雨潮湿，以及机体受寒感冒等引起牛抵抗力下降时，病菌乘机侵入体内，发生内源性传染。一旦发病，病牛会不断排出强毒菌，感染健康牛，造成某个牛场、某个地区的巴氏杆菌病流行。

病牛排泄物、分泌物中有大量病菌。当健康牛采食被污染的饲料、饮水时，经消化道感染；或当健康牛吸入带细菌的空气、飞沫，经呼吸道传播；也可经损伤的皮肤和黏膜传染。

（三）症状

潜伏期2~5天。

1. 败血型　发病急，病程短。病初体温升高到40℃以上，反刍停止，食欲废绝，泌乳停止，呼吸和心跳加快，结膜潮红，鼻镜干燥，有浆液性或黏液性鼻液，其间混有血液；腹泻，粪中带黏液或血液，恶臭；从拉稀开始，体温随之下降。多于发病后12～24小时死亡。

2. 水肿型　病牛颈部、胸前及咽喉水肿，水肿部的皮肤硬，有疼感，压后指印不退。肛门、会阴和四肢皮下发生水肿。由于咽部、舌部肿胀严重，致使吞咽和呼吸困难，黏膜发绀，舌吐出齿外，口流白沫，烦躁不安，多因窒息而死亡。病程12～36小时。

3. 肺炎型　主要呈现纤维素性胸膜肺炎症状。病牛呼吸困难，有痛苦干咳，从鼻孔中流出泡沫样、带血的分泌物，后呈脓性。可视黏膜发绀，胸部叩诊有实音区，听诊有罗音和胸膜摩擦音。病初便秘，后期腹泻，粪中有血，恶臭。溶血性巴氏杆菌引起的肺前腹侧病变比多杀性巴氏杆菌感染多见，病程3～7天。

水肿型和肺炎型都是在败血型基础上发展起来的。病死率在80%以上，痊愈牛可获得坚强免疫力。

（四）诊断

分析各牛场的情况，如有无引进外地牛、以前有无巴氏杆菌病例、饲养管理状况如何等，结合发病季节、临诊症状及剖检变化，综合分析。巴氏杆菌引起的肺炎在肺前腹侧区域常能听到表明病变的支气管罗音，背侧支气管区域正常。有条件的牛场可作细菌学检查。此外，还要注意与炭疽、气肿疽及牛肺疫等相区别。

炭疽的肿胀可发生在全身各处，濒死时天然孔出血，血液呈暗紫色，血凝不良，尸僵不全，血液抹片可见炭疽杆菌；气肿疽的肿胀主要见于肌肉丰厚的部位，触诊柔软，有明显的捻发音；恶性水肿只发生在外伤或分娩之后，肿胀触之柔软，具捻发音；牛肺疫病程长，经过较久，肺呈明显的大理石样变化，但缺乏全身性败血症变化，病原为牛胸膜肺炎支原体。

（五）治疗

病牛应立即隔离治疗，全场用5%漂白粉或10%石灰水消毒，对健康牛仔细观察、测温，凡体温升高的牛，应尽早治疗。治疗方法如下。

1. *抗血清疗法* 发病早期可用免疫血清，每头静脉或皮下注射100～200毫升。重病牛可连用2～3次。

2. *抗生素疗法* 一次静脉注射10%磺胺噻唑钠100～150毫升，每天2次，连用3～5天，与免疫血清同时应用，效果更佳。此外，青霉素、链霉素、氨苄西林、头孢噻唑、恩诺沙星、红霉素、林可霉素等都对本病有很好疗效。

（六）预防

第一，加强饲养管理，合理搭配饲料。牛舍要通风、干燥，冬天做好防寒保温工作，勤换褥草，尽量减少应激因素。

第二，定期全场消毒，搞好环境卫生。

五、牛沙门氏菌病

牛沙门氏菌病是由沙门氏菌属细菌引起的疾病的总称。犊牛沙门氏菌病又称犊牛副伤寒，常呈亚急性或慢性经过。特征是腹泻，并伴有肺炎和关节炎。怀孕母牛发生流产。

病菌污染食物，可引起人的食物中毒，表现腹痛、呕吐、恶心、头痛、全身无力、发热、腹泻等。

（一）病原

病原主要是鼠伤寒沙门氏菌和都柏林沙门氏菌，二者对犊牛的致病作用及症状表现无明显区别。本菌对干燥、腐败、日光等具有一定的抵抗力，在自然条件下可存活数周，60℃经1小时、70℃经20分钟、75℃经5分钟可被杀死。0.1%升汞、3%石炭酸（苯酚）和3%来苏儿等消毒药物对此菌有杀灭作用。

（二）流行病学

犊牛副伤寒，常发生于出生后10～40天的犊牛，若牛群有带菌母牛，犊牛可在出生后48小时发病。成年牛感染多无明显临诊症状。

沙门氏菌为牛肠道内的寄生菌。当母牛在分娩或患子宫炎、乳腺炎、酮血病及产后瘫痪时，机体的抵抗力降低，病菌活化而发生内源性传染。

病牛和带菌牛为传染源，通过粪便、尿、乳汁及流产的胎儿、胎衣和羊水将病菌排出，污染水源和饲料，经消化道感染健康牛。老鼠能传播本病。

（三）症状

1. 急性败血型　病牛精神沉郁，食欲废绝，体温升高到40～41℃。稽留热，脓性鼻漏，腹部紧缩（腹疼）。四肢缩于腹下，不愿行走。腹泻，稀粪带黏液、血液及脱落的黏膜，有腥臭味。当伴有肺炎时，病牛呼吸增数，气喘，咳嗽，肺部听诊有罗音。常于4～8天死亡，不死者转为慢性，病程较长者腹水明显。

2. 慢性病例　体温时高时低，食欲时有时无，间隙性腹泻。关节肿大，以后肢跗关节为多。病程较长，病牛明显消瘦。

成年牛呈急性出血性肠炎，肠黏膜潮红、出血、脱落，有局限性坏死区，肠系膜淋巴结呈不同程度出血、水肿；犊牛急性病例表现为：在心壁、腹膜、胃、小肠、膀胱黏膜有小出血点，脾及肠系膜淋巴结肿胀、出血，肺部有炎症反应。病程较长的病例肝脏色泽变淡，肝、脾、肾有时有坏死灶，关节的腔内有胶冻样液体。

（四）诊断

根据流行特点、临诊症状与剖检变化，可以作出初步诊断。进一步确诊要进行细菌学检查，取脾脏、肠系膜淋巴结和肠内容物作沙门氏菌的分离鉴定。

（五）治疗

病牛应隔离治疗，场地应严格消毒，疑似牛要仔细观察。治疗原则：消除病原菌，防止机体中毒，保护肝脏的正常功能，同时要加强护理。

1. *药物治疗*　常用药物有呋喃唑酮、新霉素、磺胺类、诺氟沙星、环丙沙星等。内服呋喃唑酮（每千克体重0.01克），每天2次，连用5天。内服磺胺嘧啶（每千克体重0.02～0.04克），每天2次。成牛应肌内注射抗生素类。

2. *辅助治疗*　补充能量、水分、电解质，纠正酸中毒。5%糖盐水500毫升、25%葡萄糖液250毫升、5%碳酸氢钠150毫升，一次静注，每天2次。也可口服。

3. *保护性治疗*　口服高岭土果胶铋等保护肠道黏膜，补充维生素A、B族维生素数周，以提高抵抗力。

4. *发生肺炎时治疗*　将“914”0.65～0.75克溶于500毫升糖盐水中，一次静脉注射，隔4～7天可再注射1次。注射时应缓慢。

5. *伴发关节炎的治疗*　可用酒精鱼石脂绷带包扎患病关节。

后期关节囊积液严重时可用无菌法抽出关节液，并注入1%普鲁卡因（加青霉素40万~60万单位）15~30毫升，再打绷带。

（六）预防

1. 加强犊牛的饲养　喂乳要定温、定时、定量、定饲养员，不喂变质乳，并做好防寒保暖工作。

2. 消毒　坚持消毒制度，喂乳的用具、牛舍、地面、运动场定期用2%氢氧化钠液消毒。

3. 隔离　及时隔离病牛，牛槽、圈舍、用具都应仔细消毒，粪便要堆积发酵，病死牛应焚烧或深埋。

六、犊牛大肠杆菌病

犊牛大肠杆菌病又称犊牛白痢。是犊牛的一种急性传染病。本病发病较急，常以急性败血症或菌血症的形式表现，特征是急剧腹泻和虚脱。

（一）病原

病原是致病性大肠杆菌。大肠杆菌是短粗的小杆菌，能运动，不产生芽孢，有鞭毛，革兰氏染色阴性。本菌对外界不利因素的抵抗力差，50℃加热30分钟、60℃加热15分钟即可死亡，一般消毒药均易将其杀死。本菌能产生内毒素和肠毒素。内毒素耐高温，加热至100℃经30分钟才被破坏。肠毒素有两种：一种不耐热，在60℃经10分钟即被破坏，有抗原性；另一种耐热，在60℃以上经较长时间才被破坏，无抗原性。

（二）流行病学

大肠杆菌的致病作用，不仅决定于病菌本身的数量和毒力，同时还决定于犊牛机体的抵抗力、环境状况、饲料营养成分是否齐全等。凡降低犊牛抵抗力的各种因素都可诱发本病或加重病情。自然感染，多由病菌污染的饲料及用具经消化道感染，也可由脐带感染或经子宫发生内源性感染。

本病主要发生于生后1～3日龄的犊牛，10日龄以内的犊牛都可发病，冬春季节多发，呈地方流行性。

（三）症状

潜伏期很短，为数小时。

1. 败血型　主要发生于生后3天内的犊牛。大肠杆菌从消化道侵入血液，引起败血症。病程短，发病急。

病犊精神沉郁，卧地不起，眼窝下陷，耳、鼻、四肢俱凉，体温升高到41～41.5℃，呼吸微弱，心跳增加。

有腹泻症状的犊牛，粪呈淡黄色、水样、有气泡、具腥臭味，病程发展快，多于1天内死亡。

2. 肠型　多见于出生3天以后的犊牛。体温升高到40℃，食欲废绝，腹泻。病初粪便如粥样，黄色，后呈水样，灰白色，内含未消化的凝乳块、凝血、气泡，具酸败味；病末期肛门失禁，粪便污染后躯，喜躺卧。病程长的可引起肺炎，得过的犊牛发育缓慢。

3. 肠毒血型　较少见。患病牛常突然死亡，病程较长者，可见典型的中毒性神经症状，先不安、兴奋，后沉郁、昏迷，以致死亡。

死前多有腹泻症状，这是由特异性血清型的致病大肠杆菌产生的肠毒素引起，没有菌血症过程。

剖检时，败血症状与肠毒血症死亡的犊牛常无明显的病理变化。腹泻病犊的真胃有大量凝乳块，黏膜充血、水肿。

肠内容物常混有血液和气泡，恶臭，肠黏膜充血、皱褶基部出血，部分黏膜脱落。肠系膜淋巴结肿大。肝、肾苍白，有时有出血。

（四）诊断

根据临诊症状、流行病学、发病日龄、饲养状况、饲养场的疫病流行情况及剖检变化进行综合分析。

常发病的牛场，必要时可作细菌学检查，进行细菌的分离、分类、药敏试验。

（五）治疗

补充体液，消炎解毒，防止败血症。因本病发展很快，病程短，常因虚脱、中毒而死亡，因此，治疗要早。方法是：及时补充等渗液和电解质，常用的有5%葡萄糖生理盐水、0.9%复方氯化钠溶液。药液应加温，使之与体温保持一致，用量为1000～1500毫升，根据全身状况，可适当多补充一些，并配合强心药。如在药液中加入5%碳酸氢钠80～100毫升，效果更好。

庆大霉素、新霉素、丁胺卡那霉素（阿米卡星）、呋喃唑酮、喹诺酮类药物如环丙沙星、恩诺沙星等对本病均有很好的疗效。对病情缓解、已有食欲、拉稀便的牛，可配合下列药物调节肠胃的功能：乳酸2克、鱼石脂20克、水90毫升，配成鱼石脂乳酸液，取5毫升混入一杯脱脂乳灌服，每天2～3次。

（六）预防

1. *加强饲养管理*　给予孕牛足够的维生素和蛋白质及优质干草，保持足够的运动量，以增强胎儿的抵抗力。牛舍应保持干燥、清洁，产房要做好消毒，母牛分娩前后应保持乳房清洁。为防止母牛酮血病的发生，精料中可加2%（按精料量计）碳酸氢钠或硅酸钠。

产前10天应肌内注射维生素$D_3$10000单位，每天1次。

2. 加强对新生犊牛的护理　接产时，母牛的外阴部、接产用具等应用1%新洁尔灭液清洗消毒；助产人员的手臂须用0.1%新洁尔灭清洗消毒；脐带的断口应在距犊牛腹部5厘米以上，断端用5%碘酊浸泡1分钟。

犊牛床要用2%火碱水冲刷，褥草要勤换。为使犊牛尽早获得母源抗体，产后2小时内必须喂给初乳，第一次喂量可稍多些。在常发病牛场，初生犊牛在吃初乳前皮下注射母血20～30毫升，或口服金霉素粉0.5克，每天2次，连服3天。

3. 搞好喂乳卫生，防止病原菌扩散　犊牛舍应清洁、干燥、通风良好。牛床、牛栏、运动场应定期用2%火碱水冲刷。食槽、乳桶、吸嘴都要定期清洗、消毒。褥草应勤换。

4. 防疫消毒　在犊牛大肠杆菌病流行地区的牛场可采用氢氧化铝苗进行防疫注射。严重污染的犊牛舍应更换，旧牛舍暂停使用，并做好定期的消毒工作。

七、牛流行热

牛流行热是由弹状病毒属的流行热病毒引起的急性、热性传染病。特征是高热、流泪、有泡沫样流涎、鼻漏、呼吸紧迫、后躯活动不灵活。本病多能良好经过，经2～3天即恢复正常，故又称“三日热”或暂时热。但若大群发病，产奶量会大量减少，而且部分病牛会因瘫痪而淘汰，造成牛场一定程度的损失。

（一）病原

病原为流行热病毒。本病毒对氯仿、乙醚敏感，反复冻融对该病毒无明显影响，病毒滴度不下降；耐碱不耐酸，pH 为 7.4、pH 为8.0 作用3 小时仍具活力，pH 为3.0 时完全失活。发病时病毒存在于病牛血液中。

(二) 流行病学

本病的发生具有明显的季节性，主要流行于多雨、潮湿、蚊蝇较多的季节。病毒能在蚊子体内繁殖，自然条件下，吸血昆虫能传播本病。

(三) 症状

潜伏期 3 ~7 天。发病前可见寒战，轻度运动失调，不易被发现，之后突然高热（40℃以上），维持 2 ~3 天。病牛精神沉郁，鼻镜干燥，肌肉震颤，结膜潮红。部分牛流泪，口腔内流出多量带泡沫的唾液，呈线状下垂。食欲减少或废绝，反刍停止，粪少而干，表面包有黏液甚至血液，瘤胃及肠蠕动减弱，奶产量急降甚至停乳，体温降至正常后，奶产量逐渐恢复。病牛在全身症状出现一天后，流出黏液或浆液性鼻液，呼吸快而浅表，可达 80 次/分，张口呼吸，头颈伸直，以腹式呼吸为主，有些牛剧烈咳嗽，肺部听诊，病初肺泡音增强，1 天后出现干、湿罗音，严重时有肺气肿发生。病初四肢跛行，左右交替出现，不愿走路，行走时步态不稳，后躯摇晃，部分牛卧地不起，腰椎以下部分感觉较差，有时消失。部分孕牛流产或早产。

(四) 防治

目前尚无特效药物。防治原则：消灭蚊蝇，做好护理，对症治疗，防止继发症状的发生。

处方一：5% 葡萄糖盐水 1500 毫升、0.5% 醋酸氢化可的松 50 毫升、10% 维生素 C40 毫升、庆大霉素注射液 80 万单位，一次静脉注射，连用3天。本处方适用于轻症病例，孕牛慎用，心脏功能弱的病例可加注5%氯化钙1000毫升，重症病例肌内注射卡那霉素500万单位，每天2次。

处方二：肺气肿、呼吸困难的病例，静脉注射95%酒精250毫升、25%葡萄糖500毫升、5%氯化钙1000毫升、20%苯甲酸钠咖啡因（安钠咖）注射液1000毫升。肺水肿病例，可静注20%甘露醇或25%山梨醇500～1000毫升。

八、狂犬病

狂犬病俗称疯狗病。是由狂犬病病毒引起的一种急性接触性人畜共患传染病。其特征是神经兴奋和意识障碍，继之局部或全身麻痹而死。

（一）病原

病原为狂犬病病毒。病毒存在于脑、脊髓等神经组织、唾液腺及其分泌物中。对酸、碱、石炭酸（苯酚）、福尔马林（甲醛）、新洁尔灭、升汞等消毒药敏感；不耐温热，50℃15分钟、100℃2分钟均能将其杀灭，在冷冻或冻干状态下可长期保存。

（二）流行病学

人和各种畜禽对本病都有易感性。在牛群中，以犊牛和母牛发病率为高。主要由患病的犬和野生动物直接咬伤所引起。咬伤部位越靠近头部，发病率越高，症状越重。一般呈散发性。

（三）症状

潜伏期一般为30～90天，最短1周，最长可达数月。病初牛精神沉郁，有时呆立，食欲减少，反刍减弱，很像前胃弛缓的症状。中期，起卧不安，不吃不饮，啃吃泥沙等异物，有阵发性兴奋，顶撞障碍物和人，无目的地奔跑，不断哞叫，声音嘶哑，磨牙，大量流涎，反刍停止，瘤胃鼓胀。后期，病牛由兴奋转为安静，逐渐出现麻痹症状，如吞咽麻痹、行走摇摆、两后肢瘫痪，卧地不起，最后衰竭而死。病程3~4天。

（四）诊断

临诊诊断较困难，如果有被犬咬伤史，或患病牛出现典型的临诊表现和病程，即为明显的脑炎症状，可作出初步诊断。确诊需作病理学和病毒学（荧光抗体法等）诊断。

（五）防治

患狂犬病的犬是主要传染源，因此预防狂犬病必须先做好犬狂犬病的预防工作。加强犬的管理，市区、城镇禁养，乡镇拴养或圈养，每年定期接种狂犬病疫苗，消灭无主犬，及时扑杀疯犬。牛被疯犬咬伤后，应立即用肥皂水冲洗伤口，除去坏死组织，同时涂擦碘酒，并尽早注射疫苗，一般接种2次，间隔3~5天，有条件者，可在咬伤后3天内注射抗狂犬病血清，每千克体重0.5毫升，然后接种疫苗。

发生疫情时，对有明显症状的病牛应处死，尸体及污染物一律焚烧或深埋，污染的场地、物品要用消毒液严格消毒。

九、结核病

结核病为分布较广的人畜共患慢性传染病，主要侵害肺脏、消化道、淋巴结、乳房等器官，在多种组织形成肉芽肿（结核性结节、脓疡）、干酪化和钙化病灶。

（一）病原

病原是结核分支杆菌。有人型、牛型、禽型，牛型与人型可交叉感染。该病原对环境的抵抗力强。在干燥环境中，病菌可存活6～8个月，在牛奶中可存活9～10天。

耐干热，100℃干热，经10～15分钟才能被杀死。但不耐湿热，65℃经15分钟、85℃经2分钟、100℃经1分钟即可被杀死，故牛奶及其他乳品采用巴氏消毒法即可杀灭该菌。

该菌对普通化学消毒剂、酸、碱等有相当的抵抗力，约4小时才可杀灭；70%酒精和10%漂白粉有很强的杀菌作用。

（二）流行病学

结核病在世界各国广泛流行。越是人烟稠密、地势低洼、气候温和潮湿的地区，发病越多。结核病潜伏期长，发病缓慢。

患结核病的牛和其他动物以及人是本病的传染源，特别是患开放性结核病的病畜和人。经呼吸道和消化道传播。

不良的外界环境，如饲料营养不足，牛舍阴暗、潮湿、卫生条件差，牛缺乏运动、饲养密度过大等皆可促使本病的发生与流行。发病往往呈地方流行性。

（三）症状

潜伏期长短不一，短者十几天，长者可达数月或数年。

1. 肺结核　为牛的多发病。干咳，尤其起立、运动、吸入冷空气或含尘埃的空气时更易咳。

病初时食欲、反刍均无变化，但易疲劳。随着病情的发展，咳嗽由少而多，带疼感，伴有低热；咳出的分泌物呈黏性、脓性，灰黄色；呼出气体带有腐臭味，严重时呼吸困难，伸颈仰头。

肺部听诊有罗音和摩擦音，叩诊有浊音区。体表淋巴结肿大，患牛消瘦，贫血。当发生全身性粟粒结核、弥漫性肺结核时，体温升高到40℃。

2. 肠结核　前胃弛缓或瘤胃膨胀，腹泻与便秘交替发生。腹泻时，粪呈稀粥状，内混有黏液或脓性分泌物，渐进性消瘦，全身无力，肋骨显露。触摸直肠时腹膜表面粗糙，肠系膜淋巴结肿大，有时会触摸到腹膜或肠系膜的结核结节。

3. 乳房结核　乳房上淋巴结肿大，乳房实质部有数量不等、大小不一的结节，质地坚硬，无热、疼感。泌乳量减少，发病初期乳汁无明显变化，严重时乳汁稀薄，呈灰白色。

4. 生殖器官结核　性功能紊乱，发情频繁，久配不孕，母牛流产，公牛附睾肿大，有硬结节。

（四）诊断

肉牛发生不明原因的消瘦、咳嗽，肺部听诊与叩诊异常，乳房硬结，顽固性腹泻，体表淋巴结慢性肿胀，即可怀疑本病。现行确诊结核病的方法是结核菌素检疫，有点眼法、皮内法和皮下法3种，通常用皮内法和点眼法综合评定。

1. 皮内法

（1）注射部位　将结核菌素注射在左侧颈部皮内，3个月内的小牛注射到肩胛部。注射前测量皮肤厚度。

（2）注射剂量　3个月内的小牛注射0.1毫升，3～12个月龄的牛0.15毫升，1年以上的牛0.2毫升。

（3）结果观察　注射后72小时测量皮肤厚度，并注意注射部位有无热、痛、肿等情况。

（4）判定

①阳性反应（4+）：局部发热，有痛感，并呈现界限不明显的

弥漫性水肿，其肿胀面积在35毫米×45毫米以上；或上述反应轻，而皮差（接种后皮厚与原皮厚之差）超过8毫米以上。

②疑似反应（±）：炎性肿胀面积在35毫米×45毫米以下，皮差在5～8毫米。

③阴性反应（-）：无炎性水肿，皮差在5毫米以下，或仅有坚实而界限明显的硬块。

2. 点眼法

（1）方法　详细检查两眼，并用2%硼酸冲洗，正常时方可点眼，点3～5滴。一般点左眼，左眼有病可点右眼，必须作记录说明。

（2）观察反应　点眼后于3、6、9、24小时各观察一次，观察两眼的结膜与眼睑的肿胀情况，流泪及分泌物的性质与量的多少，阴性反应和疑似牛72小时后于同一眼再点一次。

（3）判定

①阳性反应：有2毫米×10毫米以上的黄色脓性分泌物积聚在结膜囊及眼角或散布在眼的周围，或分泌物较少但结膜充血、水肿、流泪明显，并伴有全身反应。

②疑似反应：有2毫米×10毫米以上的灰白色、半透明的黏液性分泌物积聚在结膜囊或眼角处，但无明显的眼睑水肿及全身反应。

③阴性反应：无反应或仅有结膜轻微充血，眼有透明浆液性分泌物。

3. 综合判定　以上两种方法中任何一种呈现阳性反应即判定为结核菌素阳性反应；任何一种反应呈疑似反应者即判定为疑似反应。

（五）防治措施

对结核病牛应立即淘汰；对于应保护的良种母牛、种公牛可用链霉素、异烟肼及利福平治疗。

处方一：异烟肼2毫克/千克体重，口服，每日2次，3个月1个疗程。

处方二：链霉素2~4克，肌注，隔日用药，每日2次，配合异烟肼。

处方三：利福平3~5克，口服，每日2次，配合异烟肼。

综合性防治措施：

1. *检疫消毒措施*　肉牛场每年必须对牛群进行2次结核病检疫，春秋各一次。开放性结核病牛，应予以屠宰，产品处理应按防疫条例进行；无症状的阳性牛，应隔离或淘汰；疑似牛需复检，凡2次疑似者，可判为阳性。病畜污染的牛棚、用具用10%漂白粉或20%石灰乳或5%来苏儿消毒。

结核病牛场，在第一次检疫后，扑杀阳性牛、隔离疑似牛只，之后30~45天应对牛群进行第二次检疫，以后每隔30~45天进行一次检疫。在6个月内连续3次不再有阳性病牛检出，可认为是假定健康牛群。对假定健康牛群每半年检疫一次。

对已出场的牛，不要再回原牛场。新购入的牛，须作结核菌素检疫，阴性者才能入场。

每年春秋两季都要对牛场进行全面的消毒。牛棚、牛栏可用石灰乳粉刷，食槽、用具可用10%漂白粉消毒。粪便要堆积发酵。

饲养员应定期进行健康检查，如有患结核病者，不再做饲养肉牛的工作。

2. *在结核病牛群中培养健康牛*　将无症状的结核病阳性牛集中饲养，场地选在较偏远处，定为结核病牛场。该场要与健康牛场绝对隔离，所产的乳要用巴氏消毒法消毒。该场的产房应清洁、干燥，定期消毒，出生犊牛脐带断口要用10%碘酊浸泡1分钟。犊牛出生后要立即与母牛分开，调入中转牛场，人工喂初乳3天，以后由检疫无病的母牛供养或喂消毒乳。犊牛舍一切用具应严格消毒，犊牛出生后20～30天做第一次结核菌素检疫，100～120天时做第二次检疫，160～180天时做第三次检疫。3次检疫为阴性者，可进入健康的牛群。

3. 公共卫生　人患结核病多由牛结核菌杆菌所致，饮用带菌的生牛奶是最直接的原因，因此饮用消毒牛奶是预防人患结核病的一项重要措施。

第三节　常见内科病

一、前胃弛缓

前胃弛缓是指前胃兴奋性降低和收缩力减弱的功能障碍性疾病。特征是食欲降低，瘤胃收缩乏力和收缩次数异常。本病为牛的常发病。

（一）病因

根据发病原因，可将此病分为原发性前胃弛缓和继发性前胃弛缓两种。

1. 原发性前胃弛缓　原因常见于以下方面：

第一，饲料发酵、腐烂，品质低劣、单纯，长期饲喂适口性较差的饲料，如稻草、麦秸等。

第二，饲料配合不平衡，日粮中的精料、糟渣类（如酒糟、豆腐渣、醪糟）含量过多。

第三，饲养方法及饲料突然变更。

第四，天气寒冷、饲养密度大、运动不足、缺乏日照等，使全身张力降低，进而引发前胃弛缓。

2. 继发性前胃弛缓　为其他疾病在临诊上呈现消化不良的一种常见症状。牛患生产瘫痪、酮血病、骨软病、维生素 A 缺乏症、创伤性网胃炎、心包炎、乳腺炎、产后败血症、牛流行热、口蹄疫、牛巴氏杆菌病、副伤寒、结核病、布鲁氏菌病等，都表现有前胃弛缓症状。

（二）症状

病牛精神沉郁，目光无神，步态缓慢，食欲改变，轻者食欲降低，或吃青贮料和干草而不吃精料，或吃精料而不吃草，但采食量均减少；重者食欲废绝，呆立于槽前，体温正常（38 ~ 39℃），脉率 80 ~ 88 次/分。全身变化不大。

病牛反刍次数减少，每个食团的咀嚼次数不定，有时为 20 ~ 30 次，有时高达 70 ~ 80 次。嗳气频繁。

病初，粪尿无明显变化，随后粪便坚硬，黑色，包有黏液，量减少，以后继发胃肠炎，由便秘转为腹泻，粪恶臭，瘤胃触诊松软，瘤胃弛缓时间较长者，常呈现间歇性胀气，口腔潮红，唾液黏稠，气味难闻。

（三）诊断

根据临诊症状即食欲异常、瘤胃蠕动减弱、体温和脉搏率正常，即可确诊。

牛有前胃弛缓时应详细调查，综合分析，从饲养管理中查找病因。从发病的条件、病程的长短，了解个体的特点，看饲料有无突然变更、是否偏饲等，牛是否妊娠或分娩、有无前胃弛缓病史、机体是否健康、有无其他器官疾病、日粮是否平衡、维生素和矿物质是否缺乏、粗饲料的加工调制是否合理、有无清除饲草中金属异物的设施等，正确寻找病因，即可准确诊断。

现场诊断可抽取瘤胃内容物进行检查。方法是：用胃导管抽取胃内容物，以试纸法测定其 pH，患前胃弛缓的牛，其胃内容物 pH 一般低于 6.5。

（四）治疗

消除病因，恢复、加强瘤胃功能，调整瘤胃 pH，制止异常发酵和腐败过程，防止机体中毒，保护肠道功能。

1. *加强瘤胃的收缩*　一次静脉注射 10% 氯化钠 500 毫升、10% 安钠咖 20 毫升；对于分娩前后的牛，可一次静脉注射 5% 葡萄糖生理盐水 500 毫升、25% 葡萄糖 500 毫升、20% 葡萄糖酸钙（或 3% 氯化钙）500 毫升。

2. *兴奋瘤胃*　可口服酒石酸锑钾或注射拟胆碱药物。

3. *改变瘤胃内环境，调整瘤胃 pH*　可内服人工盐 300 克、碳酸氢钠80克。停喂精料，给以优质干草。

4. 防止酸中毒　静脉注射5%葡萄糖生理盐水1000毫升、25%葡萄糖500毫升、5%碳酸氢钠500毫升。

5. 其他　为防止异常发酵，可口服鱼石脂；便秘时可口服硫酸钠；胃肠炎时可口服磺胺类及小檗碱，配合收敛药如药用炭、鞣酸蛋白等。此外还可投喂健胃药，如龙胆粉、干姜各120克，番木鳖粉16克，混合后分8份服用，每日2次。

（五）预防

1. 坚持合理的饲养管理制度　班次和饲料变更应逐步进行。按不同生理阶段供应日粮，严禁为追求高产而片面增加精料。要保证供给充足的青干草，以及维生素、矿物质饲料。

2. 做好饲草加工管理工作　为防止创伤性疾病的发生，牛场内应做好饲草的加工调制工作，及时清除饲料中尖锐的异物。

3. 加强饲料的保管工作　防止变质、霉烂。每头每天应有1～1.5小时的驱赶运动，以增强机体的抵抗力。

4. 加强观察　对临产牛、分娩后的牛应仔细观察，以利于及时发现病情，及时治疗。有的牛场用葡萄糖和钙制剂作定期静脉注射，对于增进牛的食欲，防止前胃弛缓的发生都收到较好的效果。

二、瘤胃鼓胀

由于瘤胃内容物异常发酵，或过量采食易于发酵的饲料，在瘤胃内产生大量气体，致使瘤胃体积急剧增大，胃壁急性扩张，并呈现反刍和嗳气障碍的一种疾病。特征是腹围增大，左侧肷窝过度鼓起。根据发病原因可分为原发性瘤胃鼓胀和继发性瘤胃鼓胀；根据鼓胀的性质可分为泡沫性瘤胃鼓胀和非泡沫性瘤胃鼓胀。

（一）病因

原发性瘤胃鼓胀主要因采食大量易发酵的饲料，在瘤胃内形成大量气体，瘤胃中气体生成与气出之间失去平衡，在一定时间内导致瘤胃内气体积聚过多。原因主要有以下方面：

第一，饲喂大量多汁、幼嫩的青草和豆科植物如苜蓿，以及易发酵的白薯、白薯秧、甜菜等。

第二，饲喂大量含蛋白质高而又未经合理调制的饲料，如牛大豆、牛豆饼等。

第三，饲喂发霉、变质或经雨淋、潮湿的饲料，食入大量的豆腐渣、醪糟、青贮饲料或有毒植物。

当牛患前胃弛缓、食道梗塞、食道麻痹、酮血病等疾病时，都会继发瘤胃鼓胀。

（二）症状

1. 急性瘤胃鼓胀　牛表现不安，回顾腹部，后肢踢腹，步态缓慢，食欲废绝，结膜充血、发绀，眼球突出，腹围增大，左肷窝部胀满、隆起，有时高于髋关节。

病初体温、脉搏率多数正常，仅少数病例体温稍有升高（达39.5℃），呼吸急促，脉搏率增数。后期呼吸困难，呼吸次数增多，严重时张口呼吸，舌伸出，呻吟。

触诊瘤胃，腹壁紧张，按压有弹性，叩诊呈“嘭嘭”声，似打鼓。听诊瘤胃，收缩乏力，蠕动频繁，无明显蠕动波，有金属声、哗音、捻发音出现，后蠕动消失。病初排出少量粪便，后肠蠕动消失，排粪停止。

2. 慢性瘤胃鼓胀　鼓胀时发时消，食欲时有时无，鼓胀时食欲消失。鼓胀消除，食欲恢复。患牛逐渐消瘦，有时便秘和腹泻反复出现。

（三）诊断

急性瘤胃鼓胀，可根据典型的临诊症状予以确诊；慢性或继发性瘤胃鼓胀，则应根据病牛的其他症状综合分析。

诊断时要特别注意本病与创伤性网胃炎、酮血病、缺钙症等引起的鼓胀相区别。

临诊上可用胃管区别诊断单纯性膨胀与泡沫性鼓胀，如为单纯性鼓胀，插入胃管后，气体可由胃管逸出，鼓胀减轻；如为泡沫性鼓胀，气体很难逸出，只有抽出含泡沫的液体，症状才会消除。

（四）治疗

消除病因及原发病，排气减压，制止发酵，恢复瘤胃的正常生理功能，保护心脏，防止毒物中毒。

1. 抑制瘤胃内容物异常发酵　内服止酵药，如用鱼石脂20～30克、1%克迈林20～30毫升，混合后内服。

2. 促进气体排出　防止瘤胃过度鼓胀而导致瘤胃破裂或窒息。可使用套管针穿刺瘤胃放气，但要做好穿刺部位的消毒工作，而且一次放气不可过多、过快，放完气后，由套管针注入止酵药，如75%酒精10毫升和青霉素80万单位（以生理盐水稀释至10毫升）。对泡沫性鼓胀，可用表面活性药物，如茴香油40～50毫升或松节油20～30毫升或蓖麻油、液状石蜡油各500毫升，一次灌服；或将兽用有机硅消泡剂（二甲硅油干乳剂）10～20克，稀释后内服，使瘤胃里以泡沫形式淤积的气体迅速汇合并排出。

3. 为防止毒物吸收　可口服吸附剂，一般内服氧化镁50～100克或药用炭100克。

4. 促进瘤胃内容物排出　可用盐类或油类等缓泻剂，如硫酸钠400~500克，蓖麻油800~1000毫升。病情严重时应增强心脏功能，改善血液循环。

5. 促进嗳气的方法　向舌根部涂布食盐或黄酱，促使呕吐或嗳气。静脉注射10%氯化钠液500毫升、10%安钠咖20毫升可促进瘤胃蠕动。

6. 对妊娠后期和分娩后的病牛　可一次静脉注射10%葡萄糖酸钙500毫升。

(五) 预防

1. 做好饲料保管和加工调制工作，加强饲养管理　幼嫩牧草等易发酵的饲料应拌以干草饲喂，青贮料、块根及糟渣类饲料应放于棚内，不可经受雨淋，以防变质。严禁饲喂霉烂腐败的饲料。生大豆、豆饼类饲料，应煮熟再饲喂。要清除饲料中的金属异物，防止被牛食入而发生创伤性网胃炎进而继发前胃鼓胀。

2. 日粮要平衡　供给充足的矿物质、维生素饲料，其中应特别重视钙磷的喂量和比例，以增强机体抵抗力。

三、瘤胃积食

瘤胃积食是由于牛采食大量难消化、易吸水鼓胀的饲料所致。瘤胃内充满过量且较干涸的食物，引起胃壁扩张，致使瘤胃运动及消化功能紊乱。此病的特征是瘤胃扩张、质厚坚实。根据临诊症状和病因分为两种类型，一种是过食大量难消化的粗纤维性饲料引起的，以瘤胃内容物积滞、容积增大、胃壁受压及运动神经麻痹为特征；另一种是过食大量豆、谷类精饲料所致的，以中枢神经兴奋性增高、视觉紊乱、脱水和酸中毒为特征。

（一）病因

第一，饲喂精料及糟渣类饲料过多，粗饲料过少。

第二，突然变更饲料，特别是将品质低劣、适口性较差的饲料换成品质好、适口性好的饲料时，牛过度贪食而发病。

第三，饲料保管不严，牛偷吃过多的豆饼和精料。

第四，牛过肥或处于妊娠后期，因全身张力降低，瘤胃功能减弱而发病。

第五，继发于前胃弛缓、瓣胃阻塞、创伤性网胃腹膜炎等。

（二）症状

病牛无食欲，反刍停止，上槽时行走缓慢，鼻镜干燥，精神不安，弓腰，后肢频频移动，时见后肢踢其腹部，空嚼，磨牙，呻吟。病初排粪次数增加，粪呈灰白色，恶臭，质度软，似稠粥样，内含未消化的粒料。如粪排入水中，多浮于水面，似油状。严重者粪中常有血液和黏液。结膜充血、发绀，腹围增大，触诊时，瘤胃充盈，质度坚实或呈面团状。左肷部隆起。听诊时，瘤胃蠕动音微弱，初频繁，后停止。叩诊呈浊音。直肠检查，可见瘤胃体积增大，移位于骨盆腔入口处。体温正常，也有升高者（39.5℃）。瘤胃积食严重时，呼吸急促，脉搏加快。

治疗延误或病程较长时，瘤胃上部含有少量气体，即所谓“气帽”生成，病牛中毒加剧，站立不稳，步态蹒跚，肌肉震颤，心律不齐，心音微弱，全身衰竭，卧地不起。过食豆、谷所引起的瘤胃积食常呈急性，约 12 小时出现症状，48 ~ 72 小时症状明显。初期，食欲、反刍减少或废绝，反刍物和粪便中均可发现谷物颗粒，有时可发生瘤胃鼓胀和腹泻，继而出现视觉障碍，盲目直行、转圈或嗜睡，卧地不起，出现严重脱水和酸中毒，亦有并发蹄叶炎者，血液浓缩、尿量减少，瘤胃内容物 pH 和血液碱贮下降。

（三）诊断

根据临诊症状的典型变化，结合发病调查可以确诊。询问病史时，应注意患牛发病前有无异常表现、有无过度饲喂精料、是否偷吃了精料等。有些牛也有由于前胃弛缓、功能失调而反复发生瘤胃积食的现象，故应多方分析。

预后：轻型病例 1～2 天康复，一般病程为 7～10 天，若并发前胃弛缓，多呈慢性经过。谷物性积食的预后视瘤胃扩张和中毒程度而定。过食易发酵和易鼓胀的饲料或病程过长时危险性增加，预后不良。

（四）治疗

增强瘤胃收缩力，促进排空，阻止胃内异常发酵及毒素吸收，以防引起酸中毒和脱水。

处方一：10% 氯化钠液 500 毫升、10% 安钠咖 20 毫升，混合后一次静脉注射。将硫酸镁 500 克或液状石蜡 1000 毫升、鱼石脂 30 毫升混合，一次灌服。

处方二：硫酸镁 1000 克、碳酸氢钠粉 80 克，加水混合后一次灌服。

如机体脱水、中毒时，可一次静脉注射糖盐水 1500 毫升、25% 葡萄糖液 500 毫升、5% 碳酸氢钠液 500 毫升、10% 安钠咖 20 毫升。

（五）预防

1. 严格执行饲养管理制度　精料、糟渣类饲料的喂量要根据牛的不同生理状况、生产机制而定，不可偏喂或多添，也不可随意增量。

2. 做好饲料保管工作　加固牛栏，以防止牛越栏偷吃精料。

3. 逐渐增加喂量　患牛前胃弛缓症状消除、痊愈后，喂料量应逐渐增多，多喂一些干草，以避免引发瘤胃积食。

四、创伤性网胃炎

指尖锐异物随食物进入瘤胃，继而刺伤网胃壁所引起的网胃功能障碍和器质性变化的疾病。常伴有腹膜炎。特征是突然不食、疼痛，或瘤胃鼓胀反复出现。

（一）病因

饲料加工粗糙、饲草中混有金属异物如铁丝、铁钉、注射器针头、缝针等，又加之牛采食快、咀嚼不细，异物随饲草被牛吞食，并滞留于网胃内。矿物质、维生素饲料不足或缺乏时，牛舔啃墙壁、粪堆等也可吞进异物。

妊娠后期，胎儿增大，分娩时母牛努责，以及牛突然滑倒或发情时相互爬跨、追逐，都可使腹压增大，成为本病的诱因。

（二）症状

滞留在网胃内异物的多少、尖锐程度、刺伤组织的方位和角度及深浅等都与病牛的症状相关。

单纯性网胃炎：异物小，异物与胃壁的角度较小，只刺伤网胃壁黏膜，未伤及其他组织，全身反应不大。体温正常（38～39.2℃），个别牛病初体温稍有升高（39.5～40℃），心跳80～90次/分。后异物常被固定、包埋，暂时不伤及其他组织和器官。

异物与胃壁的角度较大、刺伤网胃壁时，患牛精神沉郁，头颈微伸，弓背站立，腹部卷缩呈固定姿势，采食、咀嚼、吞咽动作迟缓，或在中途骤然停止，反刍与逆呕无力。体温有时升高。

异物垂直刺伤胃壁并导致胃壁穿孔时，常伴有腹膜炎、膈破裂、膈疝。患牛表现突然食欲废绝，精神痛苦不安，反刍停止。被毛无光，粗糙逆立，肘头外展，肌肉震颤，呼吸呈现屏气现象，作浅表呼吸。病初瘤胃蠕动微弱，后停止。粪干而少，呈褐色，上附黏液和血液，排便时弓腰举尾，不敢努责，后排粪停止。体温升高1～2℃，1～3天又降至正常。若日后异物重新转移，导致新的创伤，体温会重新升高，全身反应明显。

病程较长的患牛，前胃弛缓反复发生，食欲时好时坏，或只吃草不吃料，或只吃料不吃草。瘤胃蠕动音微弱，次数减少，反刍减少，亦有鼓胀反复出现者，鼓胀时食欲废绝，鼓胀消失后，食欲又恢复。伴发腹膜炎的病例因腹膜炎的类型不同，还会出现不同的症状，严重者腹腔部叩诊和触诊异常疼痛，常因败血症和毒血症而死亡。

（三）诊断

诊断应结合临诊症状、疼痛试验、X线透视等综合分析。

1. 疼痛试验方法

（1）下坡试验　病牛不愿下坡，下坡谨慎，有疼痛表现。

（2）人为试验　用手捏紧鬐甲部皮肤向上提，人为引起反射性疼痛，常能听到病牛发出特殊的呻吟，同时脊背变僵硬。

2. X射线透视　检查有无金属异物、异物的多少、位置、形状、刺伤组织的方位和深浅等。

（四）治疗

方法有两种，一是保守疗法，二是手术疗法。

1. 保守疗法　一种是让牛前躯升高20厘米，配合普鲁卡因、青霉素（300万单位）、链霉素（5克）肌内注射，以减轻网胃压力，促使异物退出胃壁，消除炎症，在发病早期治愈率较高；另一种是经牛口向网胃投入一种特制磁铁，吸取金属异物，配合抗生素治疗，治愈率可达50%。

2. 手术疗法　切开瘤胃或网胃，取出异物，以达到彻底治愈的目的。

并发心包炎的病牛目前尚无特效疗法。

（五）预防

第一，在饲料、饲草的加工调制过程中，使用电磁筛、电磁叉去除饲料中的金属异物。

第二，日粮供应要平衡，矿物质、维生素要充足，以防止牛发生异食癖。

第三，饲养员不能随意携带金属物品进入牛棚，养成不把铁丝、铁钉放置于饲料附近和不乱抛金属物品的习惯。

五、大叶性肺炎

大叶性肺炎是整个肺叶发生的急性炎症过程，病牛的肺及胸腔渗出物为纤维蛋白性物质，故也称纤维蛋白性肺炎，或格鲁布性肺炎。特征为高热稽留，流铁锈色鼻液，肺部有广泛的浊音区和病理的定型经过。

（一）病因

1. 传染性原因　巴氏杆菌、链球菌、葡萄球菌以及肺炎链球菌感染可诱发本病，也可继发于出血性败血症、流行热、传染性胸膜肺炎等。

2. 非传染性原因　本病有时是一种变态反应性疾病，呈过敏性炎症，这些炎症在预先致敏的机体中或致敏的肺组织内发生。

诱发本病的因素很多，如受寒、过劳、吸入刺激性气体、外伤、环境污秽、气候恶劣等。

（二）症状

本病的炎症过程一般经过炎性充血渗出期、肝变期和溶解期3个时期，且不同时期会出现不同的症状。初期，食欲减少或废绝，精神沉郁，站立不稳，肌肉震颤，肘部外展，后体温突然升高达39～41℃，呈稽留热，持续6～9天，这段时期，病牛呼吸频数，气喘，可视黏膜发绀，间歇性痛性咳嗽，流鼻液，至肝变初期，鼻液呈铁锈色，同时有痛性粗厉咳嗽，呼吸促迫。

叩诊：在充血和渗透初期呈过满音，甚至鼓音，肝变期则呈浊音，溶解期又重新转回鼓音或过满音，这时体温急速降至常温或经2～5天逐渐降至常温。

听诊：病初肺泡呼吸音增强，继而减弱，出现捻发音、湿罗音，肝变期病灶处肺泡呼吸音显著减弱，甚至完全消失，可听到支气管音及干罗音，溶解期又听到水泡音或捻发音，以后逐渐恢复正常。病初心音亢进，第二心音加强，脉搏快而弱，尿量增多，肝变期尿量减少。

（三）诊断

根据临诊症状并结合血、尿检查即可确诊。血液变化为：白细胞总数增加，中性粒细胞比例增高、核左移，出现蛋白尿、血尿和肾上皮颗粒圆柱。

（四）治疗

加强护理，增强抵抗力，消炎、止咳、制止渗出，促进渗出物的吸收与排除，防止并发症的发生。

处方一：青霉素320万单位，链霉素4克，肌内注射，每天2次，连用7天。

处方二：有大肠杆菌感染时，在处方一基础上加阿米卡星，按每千克体重4000国际单位，每天2次；有巴氏杆菌感染时，在处方一基础上加新霉素，每千克体重5~10毫克，每天2次。以上两种继发病或在没有确定感染病原前也可应用2.5%恩诺沙星，每10千克体重1毫升，肌内注射，每天2次，连用5天；或用头孢类药物。

处方三：心力衰弱时，在处方一基础上静注10%。氯化钙150毫升、10%葡萄糖1000毫升。

处方四：并发脓毒血症时，可用增效磺胺嘧啶钠注射液（按每千克体重20~25毫克）、10%。葡萄糖500毫升，一次静注，连用3天。

六、感冒

感冒俗称伤风。牛流行性感冒简称流感，是由流行性感冒病毒引起的急性呼吸道感染的传染病。临床表现为发热、咳嗽、全身衰弱无力，呈现不同特点的呼吸道炎症。

（一）病因

流行性感冒病毒能凝集牛的红细胞。病毒对外界的抵抗力很弱，加热50℃数分钟即丧失感染力，对紫外线、甲醛、乙醚等敏感，肥皂、合成去污剂和氧化剂都可使病毒灭活。但对低温抵抗力较强。病牛足主要的传染源，康复者和隐性感染者在一定时间内也能排毒。病毒主要存在于呼吸道黏膜细胞内，随呼吸道分泌物排向外界，以空气飞沫传播。

（二）症状

牛感冒初期体温升高到40～42℃。鼻镜干燥而热，全身肌肉震颤，精神委顿；眼睛怕光流泪，结膜充血；呼吸急促，流鼻水，间有咳嗽，不吃不反刍，流口水，便秘或大便少而干尿少，呈黄赤色。后期拉稀，四肢疼痛，步态不稳或跛行，孕牛常发生流产。

（三）诊断

病牛精神沉郁，食欲缺乏，反刍减少，咳嗽，呼吸加快，流涎流涕，眼结膜发炎。体温有所升高，一般无死亡，7天左右可恢复正常。根据病牛的临床表现，结合流行特点，可做出初步诊断。确诊可采取病牛的血液、鼻分泌物等送兽医检验室作病毒分离和鉴定。

（四）治疗

中药疗法：取大枣、生姜50克，桂枝、麻黄30克，黄柏、连翘、柴胡、茯苓、葶苈子各25克，川芎、防风、桔梗、荆芥、泽泻各20克，白酒2两为引，水煎灌服，每天1次，连服3次。对体弱者加党参、茯苓、黄芪各60克；有咳嗽者加杏仁、陈皮、款冬花各30克；对发喘者加栝楼仁30克；对大便干燥者加大黄60克、厚朴450克；对臌气者加青皮、枳壳各30克。也可用茶叶25克，生姜30克，红糖60克，胡椒6克，煎水灌服，效果也很好。

西药疗法：内服阿司匹林10～25克，肌内注射30%的安乃近、安痛定注射液20～40毫升。为防止继发感染，应配合应用抗生素或磺胺类药物。排粪迟滞者，应用缓泻剂。为恢复胃肠机能，可用健胃剂。

（五）预防

加强饲养管理，保持圈舍清洁、干燥、温暖，防止贼风侵袭。发病后立即隔离治疗，加强病牛的饲喂护理，用5%的漂白粉或3%的火碱水消毒圈舍、食槽及用具等，防止疾病蔓延。治疗须对症，控制继发感染，调整胃肠机能。

第四节 常见产科病

一、子宫内翻及脱出

子宫内翻指子宫角前端翻入子宫或阴道内；子宫脱出指子宫角、子宫体、阴道、子宫颈全部翻出于阴门外，两者是同一病理过程，只是程度不同。以老年牛与经产牛多见，常发生在分娩后数小时内，分娩12小时后极为少见。

（一）病因

第一，孕牛年老体弱，全身松弛，张力降低；胎儿过大、胎水过多、双胎等引起子宫过度扩张，收缩微弱，强烈地努责可致子宫脱出。

第二，饲料单纯、品质较差，运动不足，造成孕牛体质弱，全身张力下降。

第三，产道干燥或损伤、难产、子宫紧裹胎儿，助产人员经验不足，强行拉出胎儿时，牵扯子宫，使之内翻；胎儿娩出后，子宫内压突然降低、腹压相对增高，子宫常随即翻出阴门之外。

（二）症状

子宫角内翻程度较轻时，牛常不表现临诊症状，在子宫复原过程中可自行复原。如子宫角通过子宫颈进入阴道，患牛常表现不安，经常努责，尾根举起，食欲及反刍减少，徒手检查阴道时会触摸到柔软的圆形瘤状物；直肠检查，可摸到肿大的子宫角呈套叠状，子宫阔韧带紧张。如子宫脱出，可见阴门外有长椭圆形的袋状物，往往下垂到跗关节上方，其末端有时分 2 支，有大小 2 个凹陷，脱出的子宫表面有鲜红色乃至紫红色的散在母体胎盘，时间较久，脱出的子宫易发生淤血和血肿，黏膜受损伤和感染时，可继发大出血和败血症。

（三）诊断

根据发病时间和临诊症状，即可确诊。

（四）治疗

子宫脱出必须施行整复手术，将脱出的子宫送入腹腔，使子宫复位。

1. 整复前的准备工作

（1）人员准备　术者 1 人，助手 3 ~ 4 人。

（2）药品准备　备好新洁尔灭、5% 碘酊、2% 普鲁卡因、明矾、高锰酸钾、磺胺粉、抗生素等。

（3）器械准备　备好脸盆、毛巾、用于托起子宫的瓷盘、缝针、缝线、注射器与针头等。

2. 整复步骤

（1）麻醉　为防止和减弱病牛努责，用 2% 普鲁卡因 10 ~ 15 毫升作尾椎封闭。

（2）冲洗子宫　用0.1%新洁尔灭清洗患牛后躯，用温的0.1%高锰酸钾溶液彻底冲洗子宫黏膜。胎衣未脱落者，应先剥离胎衣。为促使子宫黏膜收缩，可用2%～3%明矾水溶液冲洗。

（3）复位　用消毒瓷盘将子宫托起，与阴门同高（不可过高或过低）。术者将子宫由子宫角顶端开始慢慢向盆腔内推送。推送前应仔细检查脱出的子宫有无损伤、穿孔或出血。损伤不严重时，可涂5%碘酊；损伤程度较大、出血严重或子宫穿孔时，应先缝合。术者应用拳头或手掌部推送子宫，决不可用手指推送。

将子宫送回腹腔后，为使子宫壁平整，术者应将手尽量伸到子宫内，以掌部轻轻按压子宫壁或轻轻晃动子宫。

为防止子宫感染，可用土霉素2克或金霉素1克溶于250毫升蒸馏水中，灌入子宫。也可向子宫灌入3000～5000毫升刺激性较小的消毒液，利用液体的重力使子宫复位。为防止息牛努责或卧地后腹压增大，使复位的子宫再度脱出，可缝合阴门，常采用结节缝合法，缝合3～5针（上部密缝，下部可稀），以不妨碍排尿为宜。对治疗后的患牛应随时观察，如无异常，可于3～4天后拆除缝线；同时配合全身治疗，防止全身感染。

子宫内翻，早期发现并加以整复，预后良好；子宫脱出常会因并发子宫内膜炎而影响受孕能力。对子宫脱出时间较久、无法送回或损伤及坏死严重、整复后有可能引起全身感染的牛可施行子宫切除术；同时要强心补液，消炎止痛，防止全身感染，提高抵抗力。

（五）预防

1. 加强饲养管理，保证矿物质及维生素的供应　妊娠牛每天应有1～1.5小时的运动，以增强身体张力。

2. 做好助产工作　产道干燥时，应灌入滑润剂。牵引胎儿时不应用力过猛，拉出胎儿时速度不宜过快。

3. 加强分娩后管理　孕牛分娩及分娩后，应单圈饲养，有专人看护，以便及时发现病情，尽早处理。

二、胎衣不下

胎衣不下又叫胎衣停滞。指母牛产出胎犊后，胎衣不能在正常时间内排出而滞留于子宫内。胎衣脱落时间超过 12 小时，存在于子宫内的胎衣会自溶，遇到微生物还会腐败，尤其在夏季，滞留物会刺激子宫内膜发炎。母牛产后 12 小时内未排出胎衣，就可认为是胎衣不下。

（一）病因

胎衣不下主要与产后子宫收缩无力、怀孕期间胎盘发生炎症及牛的胎盘构造有关。

引起产后子宫收缩无力的原因主要有以下几点：

第一，日粮中缺乏矿物质、维生素或饲料单纯、品质差；牛体过肥、消瘦、运动不足、全身张力降低等导致的子宫弛缓。

第二，双胎、胎儿过大、胎水过多，使子宫过度扩张，继发产后阵缩无力。

第三，早产、流产时，胎盘上皮尚未老化、变性；雌激素分泌不足、血浆黄体酮含量高、子宫收缩无力。

第四，难产或子宫捻转时子宫肌疲劳，收缩无力。

第五，产后不哺乳犊牛。犊牛吮乳能刺激催产素的分泌，增强子宫收缩，促使胎衣排出。

第六，妊娠期间，子宫受感染（如李氏杆菌、沙门氏菌、胎儿弧菌、布鲁氏菌、霉菌、弓形虫感染等），发生子宫内膜炎、胎盘炎等，引起母子胎盘粘连。

（二）症状

根据胎衣在子宫内滞留的多少，将胎衣不下分为全部胎衣不下和部分胎衣不下。

1. 全部胎衣不下　指整个胎衣滞留于子宫内。多因子宫堕垂于腹腔或胎盘脐带断端过短所致。外观仅见少量胎膜悬垂于阴门外，或看不见胎衣。一般患牛无任何表现，有些头胎母牛有不安、举尾、弓腰和轻微努责等症状。

滞留于子宫内的胎衣，只有在检查胎衣，或经 1 ~ 2 天后，由阴道内排出腐败的、呈污红色、熟肉样的胎衣块和恶臭液体时才会发现。这时由于腐败分解产物的刺激和被吸收，病牛会发生子宫内膜炎，表现出全身症状，如体温升高，弓背努责，精神不振，食欲与反刍稍减，胃肠功能紊乱。

2. 部分胎衣不下　指大部分胎衣排出或垂附于阴门外，只有少部分与子宫粘连。垂附于阴门外的胎衣，初为粉红色，后由于受外界的污染，上沾有粪末、草屑、泥土等；在夏季易发生腐败，色呈熟肉样，有腐臭味，阴道内排出褐色、稀薄、腐臭的分泌物。

通常，胎衣滞留时间不长，对牛全身影响不大，食欲、精神、体温都正常。胎衣滞留时间较长时，由于胎衣腐败、恶露潴留、细菌滋生，毒素被吸收后病牛出现体温升高，精神沉郁，食欲下降或废绝。

（三）诊断

根据临诊症状（胎衣不下），即可确诊。个别牛有吃胎衣的现象，也有胎衣脱落不全者，在牛分娩后要注意观察胎衣的脱落情况及完整性，发现问题应尽早做阴道检查，以免贻误治疗时机。

（四）治疗

增加子宫收缩力，促使子、母胎盘分离，预防胎衣腐败和子宫感染。

1. 药物治疗

（1）促进子宫收缩药　一次肌内注射垂体后叶素100国际单位，或麦角新碱20毫克，2小时后重复用药。促进子宫收缩的药物使用越早越好，以产后8～12小时效果最好，超过24～48小时，必须在补注类雌激素（己烯雌酚10～30毫克）后半小时至1小时内使用。灌服无病牛的羊水3000毫升，或静注10%氯化钠300毫升，也可促进子宫收缩。

（2）预防胎衣腐败及子宫感染药　将土霉素2克或金霉素1克溶于250毫升蒸馏水中，一次灌入子宫；或将土霉素等干撒于子宫角，隔天1次，经2～3次，胎衣会自行分离脱落，效果良好。药液也可一直灌用至子宫阴道分泌物清亮为止。如果子宫颈口已缩小，可先注射己烯雌酚10～30毫克，隔日1次，以开放宫颈口，增强子宫血液循环，提高子宫抵抗力。

（3）促进胎儿与母体胎盘分离药　向子宫内一次性灌入10%灭菌高渗盐水1000毫升，能促使胎盘绒毛膜脱水收缩，从子宫中脱落，高渗盐水还具有刺激子宫收缩的作用。

（4）中药　用酒（市售白酒或75%酒精）将车前子（250～330克）拌湿，搅匀后用火烤黄，放凉后碾成粉末，加水灌服。应用中药补气养血，增加子宫活力：党参60克、黄芪45克、当归90克、川芎25克、桃仁30克、红花25克、炮姜20克、甘草15克，黄酒150克作引。体温高者加黄芩、连翘、二花；腹胀者加莱菔子，混合粉碎，开水冲服。

2. 手术治疗　即胎衣剥离。目前多采用胎衣剥离并布撒抗生素的方法。施行剥离手术的原则是：胎衣易剥离的牛，则坚持剥离，否则，不可强行剥离，以免损伤母体子宫，引起感染。剥离后可隔天布撒金霉素或土霉素，同时配合中药治疗效果更好。处方为：黄芪、党参、生蒲黄、五灵脂、川芎、益母草各 30 克，当归 60 克，腹痛、瘀血者加醋香附 25 克、泽兰叶 15 克、生牛膝 30 克，混合粉碎，开水冲服。

（五）预防

第一，为增强全身张力，应适当增加孕牛的运动时间；孕牛日粮中应含足够的矿物质和维生素，特别是钙、维生素 A 和维生素 D，尤其在饲养场中牛胎衣不下发生率占分娩母牛的 10% 以上时，应着重从饲养管理的角度解决问题。

第二，加强防疫与消毒。助产时应严格消毒。凡由布鲁氏菌等引起流产的母牛，应与健康牛群隔离，胎衣应集中处理。对流产和胎衣不下高发的牛场，应从疾病的角度考虑和解决问题，必要时进行细菌学检查。

第三，老年牛和高产的乳肉兼用牛，在临产前和分娩后应补糖和钙（20% 葡萄糖酸钙、25% 葡萄糖各 500 毫升），产后立即肌内注射垂体后叶素 100 单位或分娩后让母牛舔干犊牛身上的羊水。在胎衣不下多发的牛场，牛产后应及时饮用温热的益母草汤。

第四，产后喂给温热的麸皮食盐水 15 ~ 25 千克，初生犊牛尽早吸吮乳汁，对促使胎衣脱落有益。

三、子宫内膜炎

根据黏膜炎症的性质不同，将子宫内膜炎分为卡他性、脓性、卡他性脓性和坏死性 4 种；根据病程的长短，子宫内膜炎可分为急性和慢性2种。慢性由急性转化而来，慢性炎症有时会急性发作。子宫内膜炎常因炎症的扩散引起子宫肌炎、子宫浆膜炎及盆腔炎等。

（一）病因

第一，助产不当、难产、产道及子宫内膜受损伤；产后子宫弛缓、流产、胎衣不下、恶露蓄积；子宫脱出、子宫内膜损伤或被污染；消毒不彻底、阴道和子宫颈炎症等处理不当或治疗不及时而使子宫受细菌感染，引起内膜炎。

第二，配种时不严格执行操作规程，如输精器、牛外阴部、人的手臂消毒不严；输精时器械损伤子宫内膜、输精频繁等。

第三，继发性感染，如布鲁氏菌病、结核病及其他侵害生殖道的传染病和寄生虫病等已引起子宫内膜慢性炎症，分娩后由于机体抵抗力降低及子宫损伤，病情加剧而转为急性炎症。

第四，患其他全身性疾病时，病原体内源性地转移，引起子宫内膜炎。

（二）症状

1. 卡他性脓性子宫内膜炎　患牛全身反应不明显。阴道分泌物随病程而异，初呈灰褐色，后变为灰白色，由黏液变为脓液，量由少变多，腐臭，牛卧地后，常见分泌物从阴道内流出，或于坐骨结节黏附、结痂。有的患牛有弓背、举尾、努责、尿频等症状。

阴道检查时可见阴道和子宫颈黏膜充血、潮红，子宫颈口开张1～2指。阴道有时可见分泌物排出。直肠检查，子宫壁增厚，与正常产后相似，但子宫收缩反应减弱。

2. 坏死性子宫内膜炎　子宫内膜由于细菌毒素和腐败物的刺激而发生坏死，全身症状明显，患牛精神沉郁，体温升高，食欲、反刍、泌乳停止。阴唇发绀，阴道黏膜干燥，从阴道内排出褐色或灰褐色、含坏死组织块的分泌物，恶臭。直肠检查时可见子宫壁和子宫角增厚，手压有疼痛反应。

3. 慢性卡他性子宫内膜炎　患牛的性周期、发情表现及排卵正常，但屡配不孕，或配种受孕后流产。阴道内集有少量的混浊黏液，或于发情时从子宫内流出混有脓丝的黏液，子宫角增粗，子宫壁肥厚、收缩反应微弱。

4. 慢性卡他性脓性子宫内膜炎和脓性子宫内膜炎　子宫壁肥厚不均，性周期不规律，阴道分泌物稀薄，发情时增多，呈脓性。子宫角粗大、肥厚、坚硬，收缩反应微弱，卵巢上有持久黄体。

（三）诊断

根据分娩情况、病史及临诊症状、阴道分泌物和直肠检查情况予以确诊。

（四）治疗

应用抗菌药物消除炎症，防止感染扩散，消除子宫腔内的渗出物，促进子宫收缩。

1. 子宫内注入法

第一，将土霉素粉 2 克，或金霉素粉 1 克，或青霉素 100 万单位，溶于 250 ~ 300 毫升蒸馏水中，一次注入子宫；或采用干撒抗生素法，隔天 1 次，直至分泌物清亮为止。

第二，对病程较长、分泌物呈脓性的牛，可用以下药物：

①卢格氏液（复方碘溶液）：碘化钾 50 克，加蒸馏水 40 ~ 50 毫升溶解，再用蒸馏水稀释至 500 毫升，配成 5% 的碘溶液。取 5% 碘溶液 20 毫升，加蒸馏水 500 ~ 600 毫升，一次注入子宫内。

②鱼石脂溶液；取纯鱼石脂 80 ~ 100 克，溶于 1000 毫升蒸馏

水中，配成8～10%的溶液。每次注入子宫内10毫升，隔天1次，一般用1～3次。

冲洗子宫往往会引起牛食欲降低，所以应尽量采用干撒药法，即将抗菌药直接放人子宫内。

2. 其他疗法

第一，肌内注射己烯雌酚，一次15～25毫克，隔天1次，与子宫内撒土霉素相结合，效果更好。

第二，子宫按摩法。将手伸入直肠，隔肠按摩子宫，每天1次，每次10～15分钟，有利于子宫收缩。

第三，全身治疗。根据全身状况，可补糖、补盐、补碱、强心，并使用抗生素和磺胺类药物。

（五）预防

1. 助产严格消毒　助产时，牛的外阴部、人的手臂及助产器械等应严格消毒，操作要仔细，动作要轻柔，尽量避免损伤产道。

2. 配种时操作谨慎　人工输精器械和牛的生殖道口都应严格消毒，操作要谨慎，严禁损伤子宫内膜。

3. 合理配合饲料　特别应注意矿物质、维生素饲料的供应，以减少难产及胎衣不下、子宫脱出等产后疾病的发生。

4. 注意乳牛的原发病　泌乳牛的全身疾病，如产后瘫痪、酮血症、乳腺炎等，都可能引起子宫内膜炎，故应及时治疗乳牛的原发病。

5. 预防传染病　对流产病牛应及时隔离观察，并作细菌学检查，以确定病因，及时采取措施，防止传染病的流行。

四、脐炎

脐炎是新生犊牛脐血管及其周围组织的炎症，为犊牛常发病。

（一）病因

第一，牛的脐血管与脐孔周围组织联系不紧，当脐带断后，残段血管极易回缩而被羊膜包住，脐带断端在未干燥脱落前又是细菌入侵的门户和繁殖的良好场所。接产时，脐带不消毒或消毒不严，或犊牛互相吸吮、尿液浸渍都会导致脐带感染细菌而发炎。

第二，饲养管理不当，如运动场潮湿、泥泞、褥草没有及时更换、卫生条件较差等都会使脐带受感染而发炎。

（二）症状

1. *脐血管炎*　初期常不被注意，仅见犊牛消化不良，腹泻，随病程的延长，病犊弓腰，不愿行走。脐带与脐孔周围组织充血、肿胀，触诊质地坚硬，有热感，患犊有疼痛反应。脐带断端湿润，用手指挤压可挤出污秽的脓汁，有臭味。用两手指卡捏脐孔并捻动时，可触到小指粗的硬固索状物，病犊表现疼痛。

2. *坏疽性脐炎*　又名脐带坏疽。脐带残段湿润、肿胀，呈污红色，带有恶臭味，炎症可波及周围组织，引起蜂窝组织炎或脓肿。有时化脓菌及其毒素还沿血管侵入肝、肺、肾等内脏器官，引发败血症、脓毒败血症，病畜出现全身症状，如精神沉郁，食欲减退，体温升高，呼吸、脉搏加快。

（三）治疗

消除炎症，防止炎症的蔓延和机体中毒。

1. *局部治疗*　病初可用1% ~2%高锰酸钾清洗脐部，并用

10%碘酊涂擦。患部可用60万~80万单位青霉素，分点注射。脐孔处形成瘘孔或坏疽时应用外科手术清除坏死组织，并涂以碘仿醚（碘仿1份，乙醚10份），也可用硝酸银、硫酸铜、高锰酸钾粉腐蚀。

2. 全身治疗　为防止感染扩散，可肌内注射抗生素，一般用青霉素60万~80万单位，一次肌内注射，每天2次，连用3~5天。

如有消化不良症状，可内服磺胺嘧啶、苏打粉各6克、干酵母或健胃片5~10片，每天2次，连服3天。

第五节　常见外科病

一、创伤

创伤是机体局部受到外力作用而引起的软组织开放性损伤，分为新鲜创和化脓性感染创。

（一）病因

由于金属利器（如刀、铁片、犁耙等）的切割，或尖利的竹屑、石块、玻璃、铁钉等的刺伤，或两牛相斗、摔跌等引起。

（二）症状

新鲜轻度创伤，局部皮肤（黏膜）、肌肉破损，出血、疼痛，血流过段时间会自止。重度创伤，疼痛剧烈，伤口较大，肌肉血管断裂，血流不止，严重的甚至会伤及内脏，造成内出血，发生急性贫血、虚脱，甚至休克死亡。创口被细菌感染，则会有化脓、腐烂，流出浓汁等状况发生，严重时会出现减食，精神沉郁，甚至体温升高或发生脓毒败血症。

（三）治疗

1. 新鲜创

（1）止血　除钳夹、结扎、压迫等方法外，还可用外用止血粉撒布创面，必要时可用维生素 K、卡巴克洛。或氯化钙等全身性止血剂。

（2）清洁创围　先将创口用灭菌纱布盖住，并将周围被毛剪除，用0.1%新洁尔灭溶液或生理盐水将创伤周围洗净，然后用5%碘酒对创围进行消毒。

（3）清理创腔　将覆盖物除去，并将创内异物用镊子仔细除去，反复用生理盐水清洗创腔，然后用灭菌纱布轻轻地吸蘸创内残存的药物和污物，再用0.1%新洁尔灭溶液清洗创腔。

（4）缝合与包扎　如果创面比较整齐且外科处理比较彻底，可进行密闭缝合；创口裂开过宽，可缝合两端；有感染危险时，行部分缝合；组织损伤严重或不便缝合时，可行开放疗法。一般对于四肢下部的创伤，应行包扎。

若组织损伤或污染严重时，应及时注射破伤风类毒素、抗生素。

2. 化脓性感染创　分化脓创和肉芽创。治疗方法如下：

（1）化脓创

①清洁创围。

②用0.1%高锰酸钾液、3%过氧化氢或0.1%新洁尔灭液等冲

洗创腔。

③扩大创口，除去深部异物，切除坏死组织，排出脓汁。

④最后用松碘油膏或10%磺胺乳剂等涂布创面或用纱布条引流。

⑤有全身症状时可适当选用抗菌消炎类药，并注意强心、解毒。

（2）肉芽创

①清理创围。

②清洁创面，用生理盐水轻轻清洗。

③局部用药，应选用刺激性小、能促进肉芽组织和上皮生长的药物，如松碘油膏、3%甲紫（紫药水）等。肉芽组织赘生时，可用硫酸铜腐蚀。

二、腐蹄病

牛腐蹄病是指蹄的真皮和角质层组织发生化脓性病理过程的一种疾病。特征是真皮化脓与坏死，角质溶解，病牛疼痛、跛行。腐蹄病一般都伴有蹄变形，可认为蹄变形是腐蹄的基础。发生严重腐蹄病时，会蔓延到冠关节、球关节从而引起关节肿胀、增生。

（一）病因

第一，日粮中钙磷比例不当、钙磷供应不足、缺乏维生素D等都是造成腐蹄病发生的主要原因。

第二，管理不当，地面不平整、运动场泥泞、潮湿、硬质杂物较多，牛舍卫生较差、潮湿，牛蹄长期受粪尿浸渍，不定期修蹄。

第三，化脓性棒状杆菌、金黄色葡萄球菌、坏死杆菌、大肠杆菌感染、牛皮螨等造成皮肤损伤并受细菌感染。

第四，遗传因素。

第五，由其他原发病（如趾间皮炎、疣状皮炎、黏膜病等）继发或诱发。

（二）症状

1. *蹄趾间腐烂* 牛蹄趾间表皮或真皮的化脓性或增生性炎症。

蹄部蹄趾皮肤充血、肿胀、增温、糜烂。有的蹄趾间呈暗红色，腐肉增生，突于蹄趾间沟内，质度坚硬，极易出血；蹄冠部肿胀，呈红色。

病牛跛行，以蹄尖着地。站立时，患肢负重不实，有的以患部频频打地或蹭腹。多见于成年牛，犊牛、育成牛也有发生。

2. *腐蹄* 牛蹄部的真皮、角质部腐败性化脓，可发生在两蹄支中一侧或两侧。四蹄皆可发病，但多见于后蹄。成年牛发病最多。全年皆有发病，发病最多的是7～9月份。

病牛站立时，频频换蹄、用蹄打地或蹭腹，而且患蹄球关节以下屈曲。前肢患病时，患肢向前伸出。

蹄部检查：趾间感染的皮肤发生坏死、脱落，蹄底磨损、不正，蹄变形，角质部呈黑色。如果外部角质并没有发生变化，修蹄后会流出污灰色或污黑色的腐臭脓汁。有的患牛由于角质溶解，蹄真皮过度增生，肉芽组织突出于蹄底之外，大小由黄豆大到蚕豆大，呈暗褐色。也有坏死蔓延至蹄壳、蹄底的角质层，以致蹄壳干裂或脱落。

炎症蔓延到蹄冠、球关节时，皮肤增厚，失去弹性，关节肿胀，疼痛明显，步行呈“三脚跳”。化脓后，会有乳酪样浓汁从关节破溃处流出，若继发败血症，病牛全身症状加剧，体温升高，精神沉郁，食欲、反刍减退或废绝，产乳量下降，常卧地不起，消瘦。

（三）诊断

根据临诊症状及蹄部检查，即可确诊。

（四）治疗

1. 去除诱因　如整理牛运动场及牛舍、纠正代谢障碍等。

2. 局部处理

（1）蹄趾间腐烂　以10%硫酸铜溶液或1%来苏儿水洗净患蹄，涂以10%碘酊，再用松馏油、鱼石脂涂布患部，装蹄绷带。可用外科法除去蹄趾间的增生物，也可用烧烙法将增生肉芽去除，然后装蹄绷带；或以硫酸铜粉、高锰酸钾粉撒于增生物上，装蹄绷带，隔2～3天换药1次，常于2～3次治疗后痊愈。

（2）腐蹄　先修理平整患蹄，将角质部腐烂的黑斑找出，用小尖刀由腐烂的角质部向内深挖，直到黑色腐臭脓汁流出，合理扩创，洗净污物和腐烂组织，用过氧乙酸清创、擦干，然后涂10%碘酊，填入松馏油棉球，或放入硫酸铜粉、高锰酸钾粉，最后装蹄绷带。

如伴有球关节炎、冠关节炎，局部可用10%酒精鱼石脂绷带包裹，全身可用磺胺、抗生素类等药物，如青霉素320万单位，肌内注射，连续7天，每天2次；10%磺胺嘧啶钠150～200毫升，静脉注射，每天1次，连用7天；5%葡萄糖1000毫升、5%碳酸氢钠500毫升、盐酸金霉素6克，静脉注射。

（五）预防

1. 坚持定期修蹄　保持牛蹄干净，及时清扫牛舍、运动场，去除杂物。

2. 加强对牛蹄的监测　及时治疗蹄病，防止病情恶化。

3. 日粮要平衡　钙磷的喂量要充足、比例要适当。

三、蹄叶炎

蹄叶炎又叫真皮小叶炎。本病是牛的一种未能得以充分诊断的疾病，四肢均有不同程度发生，但某些牛仅表现前肢跛行。

（一）病因

常见原因是过量食用高能饲料，如为促进犊牛和青年牛的生长，大量饲喂易发酵的饲料。发酵到一定程度的高能饲料可以引起亚临诊酸中毒、瘤胃炎，内毒素、乳酸及其他血管活性物质通过瘤胃吸收会引发蹄叶炎。初产母牛急性蹄叶炎的发病率要比成年母牛高，有脓毒性子宫炎、脓毒性乳腺炎及肺炎感染所产生的内毒素或其他介质时更易发生，有些单纯的内毒素偶尔也可引起牛的蹄叶炎，另外，热力、机械力也可造成蹄叶炎。

（二）症状

1. *急性蹄叶炎*　病牛精神沉郁，食欲减少，两前肢或四肢跛行明显，不愿站立和运动，站立时因避免患蹄负重，常前肢向前伸出，以踵部负重，后肢前伸踏于腹下，也以踵部负重。

强迫运动时，步态僵硬，患蹄落地轻缓，触诊病蹄，特别是靠近蹄冠处可感增温。叩诊或压诊时两趾异常敏感。

2. *慢性蹄叶炎*　病牛除因长时间躺卧，发生褥疮、体重逐渐下降外，还常出现蹄形改变，有不规则的蹄轮在蹄壁上，蹄前壁轮距较近，蹄踵轮距较稀疏。慢性蹄叶炎的最终结果可形成无蹄，蹄踵壁几乎垂直，蹄匣本身变得狭长，蹄尖壁近乎水平。

（三）诊断

根据饲养史、饲料类型、蹄部升温、典型跛形及患蹄对触诊和压诊敏感等即可确诊急性蹄叶炎。慢性蹄叶炎根据典型的姿势、步态、多肢慢性或间歇性跛行病史、消瘦、躺卧时间不长，蹄角度变小、蹄支变长、蹄轮明显、患蹄对压诊和触诊表现敏感性反应等，即可确诊。除急性蹄叶炎外也应该对亚临诊型蹄叶炎引起重视，因为，虽然亚临诊型蹄叶炎患牛跛行不明显，但拖地而行，步态缓慢，繁殖率下降，产奶量达不到指标，同时亚临诊型蹄叶炎也是蹄裂、蹄底脓肿、蹄壁过度生长等疾病的病因。

（四）治疗

急性蹄叶炎可用镇痛及抗菌药物治疗，如阿司匹林（成牛15~30克，每天2次）。在软地面上运动或用冷水浸蹄对治疗有帮助。除治疗蹄叶炎外，还应及时调整日粮，治疗相关的疾病，如子宫炎、乳腺炎、肺炎等，以减少内毒素或其他介质的产生。应指出的是，患牛痊愈后如患病、怀孕后期或产犊后给予高能日粮时，蹄叶炎还可复发。慢性蹄叶炎也可选择性使用镇痛剂，同时应常修蹄，使蹄保持正常角度。

四、口炎

口炎为口腔黏膜或深层组织的炎症。临床上以流涎、口腔黏膜潮红、肿胀甚至溃疡为特征。

（一）病因

1. 机械性刺激　如饲料粗硬、含尖锐性异物，管理粗暴等。

2. 刺激性药物　如误食生石灰、霉变草料、口服刺激性药物浓度过大等。

3. 某些疫病的继发所致　草料、口服刺激性药物浓度过大。

（二）症状

往往有采食、咀嚼障碍，流涎较多时才被发现。口腔温度高，黏膜呈充血、发红、肿胀。此外，在牛场内一旦有口腔黏膜溃烂、流涎出现时，应重视对口蹄疫的症状和病理变化相鉴别，后者溃疡面浅、一般边缘整齐。

（三）治疗

药物治疗：

①用2% ~3%硼酸液或0.1%高锰酸钾液冲洗口腔。

②口腔内患处撒布收敛、消毒、杀菌药如青黛散、西瓜霜、明雄散等。

③患处涂碘甘油。

④全身体温升高者，用抗生素治疗。

（四）预防

首先应查明原因，及时去除病因，加强护理，及时治疗，容易治愈。病畜应给予柔软优质的饲料。

第六节 常见不孕症

一、卵巢静止

卵巢静止是受到扰乱后卵巢功能处于静止状态。母牛表现不发情，虽然直肠检查卵巢表面光滑，大小、质地正常，有残留陈旧黄体痕迹，大小如蚕豆，较软，有些卵巢质地较硬，略小，或者无卵泡发育，也无黄体存在，相隔7～10天，甚至1个发情周期再作直肠检查，卵巢仍无变化。子宫收缩乏力，体积缩小，外部表现和持久黄体的母牛极为相似，有些患牛被毛粗糙无光且消瘦。

防治：恢复卵巢功能。

1. 按摩　隔天按摩卵巢、子宫颈、子宫体1次，每次10分钟，4～5次为1个疗程，结合注射己烯雌酚20毫克。

2. 药物治疗

第一，肌内注射100～200单位的促卵泡素，出现发情和发育卵泡时，再肌内注射100～200单位的促黄体素。以上两药用5～10毫升生理盐水溶解后使用。

第二，肌内注射1000～2000单位的孕马血清，隔天1次，2次为1个疗程。

第三，用黄体酮连续肌内注射3天，每次20毫克，再注射促性腺激素，可使母牛出现发情。

第四，肌内注射400～600单位的促黄体释放激素类似物（$LRH-A_3$），隔天1次，连用2～3次。

二、持久黄体

妊娠黄体或发情周期黄体超过正常时间（20～30天）不消退，称为黄体滞留或持久黄体。前者为妊娠持久黄体，后者为发情周期持久黄体，两者与妊娠黄体在组织结构和对机体的生理作用方面没有区别，都能分泌黄体酮、抑制卵泡发育，使母牛发情周期停止循环，引起不孕。

（一）病因

饲料缺乏矿物质和维生素，缺少运动和光照；营养供需不平衡；气候寒冷且饲料不足，子宫疾病（如子宫积水、子宫炎、死胎、部分胎衣滞留、子宫积脓等）都会导致黄体不能及时消退。妊娠黄体滞留可造成子宫收缩乏力和恶露滞留，进一步引发子宫内膜炎和子宫复原不全。

（二）症状

母牛不发情，营养状况、毛色、泌乳等都无明显异常，发情周期停止循环。直肠检查：一侧（有时为两侧）卵巢增大，表面有突出的黄体，有大有小，质地较硬，同侧或对侧卵巢上存在1个或数个豌豆或绿豆大小的卵泡，均处于萎缩状态或静止，间隔5～7天再次检查时，卵泡无变化，子宫多数位于腹腔和骨盆腔交界处，基本没有变化，有时子宫稍粗大，松软下垂，触诊无收缩反应。

（三）诊断

根据直肠检查和临诊症状即可确诊，但要做好与妊娠黄体的鉴别诊断。持久黄体与妊娠黄体的区别：持久黄体不饱满，质硬，经过2~3周再做直肠检查，黄体无变化；而妊娠黄体较饱满，质地较软，有些妊娠黄体似成熟卵泡。持久黄体的子宫无变化妊娠时子宫是渐进性的变化。

（四）防治

首先从改善饲料、饲养管理等方面着手。目前前列腺素 F_{2a} 及其类似物是有效的黄体溶解剂。

前列腺素（PGF_{2a}）4毫克，肌内注射，或加入10毫升灭菌注射用水后在持久黄体侧子宫注入角，效果显著。用药后1周内就会有发情出现，可以进行配种并能受孕，用药后超过1周发情的母牛，受胎率很低。个别母牛虽在用药后不出现发情表现，但进行直肠检查时，可发现有发育卵泡，按摩时还会流出黏液，也就是所谓的暗发情，如果此时进行配种，也可以使之受胎。

其次，一次肌内注射氯前列烯醇0.24~0.48毫克，隔7~10天做直肠检查，如无效果可再注射一次。此外，以下药物也可以用于治疗持久黄体：

第三，将100~200单位的促卵泡激素（FSH），溶于5~10毫升生理盐水中，肌肉注射，经7~10天直肠检查，如黄体仍不消失，可再注射1次，待黄体消失后，可用小剂量人绒毛膜促性腺激素（HCG）注射，促使卵泡成熟和排卵。

第四，400单位的促黄体释放激素类似物（$LRH-A_3$），隔天肌内注射1次，隔10天做直肠检查，如仍有持久黄体可再进行一个疗程。

第五，皮下或肌内注射1000~2000单位的孕马血清，作用同FSH。

第六，注射黄体酮3次，1天1次，每次100毫克。在第二和第三次注射时，同时注射己烯雌酚10～20毫克或促卵泡素100单位。

三、卵巢萎缩

卵巢萎缩是卵巢体积缩小，功能减退，有时发生在一侧卵巢，也有在两侧卵巢同时发生，表现为发情周期停止，呈长期不发情。大多体质衰弱的牛（如发生全身性疾病、长期饲养管理不当）和老年牛会发生卵巢萎缩，卵泡囊肿、黄体囊肿或持久黄体的压迫及患卵巢炎同样也会造成卵巢萎缩。

（一）症状

临诊表现为极少出现发情和性欲，即使发情，表现也不明显发情周期紊乱。卵泡发育不成熟、不排卵，即使排卵，卵细胞也无受精能力。直肠检查：卵巢缩小，仅似大豆及豌豆大小，卵巢质地坚硬，无黄体和卵泡，子宫缩小、弛缓、收缩微弱。间隔1周，几次检查后，子宫与卵巢仍无变化。

（二）治疗

年老体衰者淘汰，有全身疾病的及时治疗原发病，增加维生素、蛋白质和矿物质饲料的供给，保证足够的运动，同时配合以下药物治疗。

1. 促性腺释放激素类似物　肌内注射，1000单位，隔天1次，连用3天，接着注射三合激素4毫升。

2. 人绒毛膜促性腺激素　肌内注射10000～20000单位，隔天再注射1次。

3. 孕马血清　1000～2000单位，肌内注射。

四、排卵延迟

（一）病因

主要是垂体分泌促黄体激素不足，激素的作用不平衡，其次是饲养管理不当，气温过低或突变。

（二）症状

卵泡发育和外表发情表现与正常发情一样，但成熟卵泡比一般正常排卵的卵泡大，所以直肠触摸与卵巢囊肿的最初阶段极为相似。

（三）治疗

改进饲养管理条件，并配合药物治疗。所用药物有：

1. 促黄体素　肌内注射100～200单位的促黄体素，在发现发情症状时，再肌内注射50～100毫克的黄体酮。

对因排卵延迟而屡配不孕的牛，在发情早期可用雌激素，晚期可注射黄体酮。

2. 促性腺释放激素类似物　肌内注射400单位，用于发情中期。